孩子这样穿鞋才健康

不同年龄段儿童选鞋攻略及足部健康指南

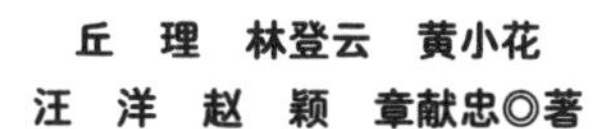

丘 理 林登云 黄小花
汪 洋 赵 颖 章献忠◎著

中国妇女出版社

图书在版编目（CIP）数据

孩子这样穿鞋才健康 ：不同年龄段儿童选鞋攻略及足部健康指南 / 丘理等著. -- 北京 ：中国妇女出版社，2021.9

ISBN 978-7-5127-2018-3

Ⅰ.①孩… Ⅱ.①丘… Ⅲ.①童鞋－关系－足－保健－指南 Ⅳ.①TS943.723-62②TS974.1-62

中国版本图书馆CIP数据核字（2021）第154431号

孩子这样穿鞋才健康——不同年龄段儿童选鞋攻略及足部健康指南

作　　者：丘　理　林登云　黄小花　汪　洋　赵　颖　章献忠　著
选题策划：张京阳
责任编辑：王海峰　张　于
封面设计：尚世视觉
责任印制：王卫东
出版发行：中国妇女出版社
地　　址：北京市东城区史家胡同甲24号　　邮政编码：100010
电　　话：（010）65133160（发行部）　　65133161（邮购）
网　　址：www.womenbooks.cn
法律顾问：北京市道可特律师事务所
经　　销：各地新华书店
印　　刷：北京中科印刷有限公司
开　　本：150×215　1/16
印　　张：13.25
字　　数：140千字
版　　次：2021年9月第1版
印　　次：2021年9月第1次
书　　号：ISBN 978-7-5127-2018-3
定　　价：59.80元

前言

人生是一个不断探索的过程。宝宝一出生，就开始用眼、耳、口、鼻、手等器官去探索这个世界，直到用脚经历爬行、站立，再到迈出第一步。而这第一步，扩大了孩子的探索范围，让他的世界变得更加丰富、生动，无疑是孩子成长过程中最重要的里程碑。

鞋，已是人类双脚不可或缺的“伙伴”，不仅承载着我们游走四方，更是双脚乃至全身健康的守护者。在社会高速发展的今天，家长对孩子的智力发育高度重视，同时十分关注孩子的眼睛、牙齿和身体其他部位的健康，却很少关注孩子的脚与鞋。处于生长发育阶段的儿童，不合适的鞋对他们的伤害远大于不合适的服装、帽饰。一双不合适的鞋，很可能给孩子的脚造成不可逆的伤害。我们编写此书，目的是让大家了解脚与鞋的相关知识，引起家庭和社会对儿童选鞋和脚部健康的重视。希望通过我们的共同努力，为孩子脚部健康成长保驾护航，让孩子人生探索之路更加快乐。

本书分为“你了解孩子的脚吗”“童鞋是如何制作出来的”“如何为孩子选鞋”“孩子的健康从脚部健康开始”这四部分。在编写过程中力求深入浅出、循序渐进，避免过多生涩的专业术语，加入各种生动的图片和视频，希望能为家长提供生动、有趣的阅读体验，让家长在了解脚与鞋的相关知识的同时，可科学地为孩子选择合适的鞋。本书也可作为鞋类、服饰类导购员的专业培训书籍，并可为相关生产、设计、研究人员提供参考。

在本书的编写过程中，我们参阅了国内外相关权威出版物和论文。

本书作者为丘理、林登云、黄小花、汪洋、赵颖、章献忠，插图作者为林登云，感谢大家的辛苦付出。

本书涉及面较广，编写时间紧，疏漏在所难免。在此，我们对所有可能出现的问题深表歉意，欢迎提出宝贵意见。谢谢！

精心呵护孩子双脚，帮助他/她茁壮成长；

科学挑选一双好鞋，扶持他/她稳步前行。

目录

第一章　你了解孩子的脚吗

第二章 童鞋是如何制作出来的

目录

第一章

你了解孩子的脚吗

还记得德国著名作家格林兄弟写的那个童话故事吗？一位老鞋匠辛苦勤劳一生，做了无数双鞋，用卖鞋得来的钱救济穷人，自己却一直过着贫穷的日子。一个圣诞节的前夕，老鞋匠精心制作了一双漂亮的小靴子，他想把靴子卖掉，和老伴度过一个快乐的圣诞节，可当他看到寒冷的雪地上站着一个光脚的流浪儿时，便毫不犹豫地把靴子穿在了孩子脚上。晚上，他和老伴就只吃了些硬面包。夜里，一群小天使飞进老鞋匠的房间，带来了许多彩色的皮革，他们拿起针线、锤子和钉子，做出了好多双漂亮的皮鞋……

图1-1　小天使在制作鞋

这个流传已久的美丽童话故事，通过鞋，给我们讲述了真诚、善良、互助和坚持，在我们和孩子们的心灵深处，种下了美好品德的种子，也反映了鞋与人类密切的关系。

人类从赤脚到穿鞋，经历了一个漫长的发展过程。现代化的鞋成为人类文明发展的重要组成部分，给我们带来巨大的帮助，但同时也给脚带来了诸多伤害，衍生出很多脚疾。

脚是人体重要的组成部分，具有行走、运动负重和减震等重要功能，却又是我们最容易忽略的部分。目前，全世界饱受足部疾病困扰的人不在少数，我国的足疾患者数量居高不下。足部疾病不仅影响行走和运动，还会危害大脑、脊椎、神经系统和运动关节的健康，影响孩子一生的生活质量。如果想让脚忠实地伴随孩子一生，承载他们游走四方，就要让孩子的脚健康发育，从孩子儿时起精心地呵护他的双脚。

“千里之行，始于足下。”让孩子的脚健康成长，选择合脚的鞋、健康的鞋是首要条件。让我们共同知足、护足，关爱儿童从脚做起；让我们一起识鞋、选鞋，让一双双好鞋帮助孩子稳步前行。

脚是人体的基石

脚的重要性

脚，反抗地球的重力站在地面上，在地面上行走，默默承受来自上方的压力。我们是否忽略了脚的重要性呢？就如同我们感觉不到空气的重要性一样。

——〔日〕石塚忠雄

的确如此，父母们更关注各式各样的益智玩具、营养食品和漂亮衣服，对脚却知之甚少，甚至从不在意。然而，儿童稚嫩的双脚在成长过程中非常容易受到伤害。任何不适宜的压力和外伤都很容易引起脚的畸形，而脚部的畸形会造成身体重力线的改变，引起膝部、髋部，甚至腰部疾病，直至引发二次伤害，失去对大脑、内脏、脊椎及运动关节的保护功能。

体重30千克的孩子每迈出一步时，脚部所承受的压力约等于自己体重的2倍，约60千克；跑步时则能达到体重的3～4倍，约90～120千克；跳跃时甚至会达到体重的5倍，约150千克。有人这样比喻，跳跃时脚与坚硬的地面相接触所受到的冲击，相当于时速54千米的汽车在没有刹车的情况下撞墙的冲击力；如果在打排球时起跳扣球，脚部受到的压力相当于体重的6～7倍。由此可见，脚所受到来自身体的压力、大地的冲击力，远比我们想象的要大得多。如果稍有不慎就会使脚受伤，影响孩子的成长发育。

图1-2　打篮球和跳芭蕾时脚所承受的力

脚在人的一生中起着非同寻常的作用，孩子从婴儿期、幼儿期、儿童期到青春期，每个阶段都有不同的生长特点，每个阶段的活动都可能使脚发生不可逆转的损伤。这种损伤会影响孩子的身心发育，也会影响孩子成年后的健康生活。无论多么高大、多么雄伟的建筑，如果没有牢固的基石，都有倒塌的危险，我们人体的基石就是脚。

脚为人类进化作出巨大的贡献

许多史学家认为“人成于脚”。人类的历史是从双脚直立行走之后才开始的，因为手脚功能的区分，使人类走向进化。有了脚的支撑，人才解放了双手。双手能够全力制作和使用工具，进而发展了生产力。另外，双脚的直立，使人开阔了视野，促进了大脑的发育，增长了人的智慧，使人创造了世界，成了万物之灵。脚对人有着重要的意义。

人从四肢行走的动物进化到能够直立行走的人，也就是从类人猿进化成人，经过了上百万年。在这个过程中，脚为了支撑体重和行走，在形状、结构、功能等方面作出了巨大贡献，失去了抓、捏、提、推等功能，成为现在的样子。

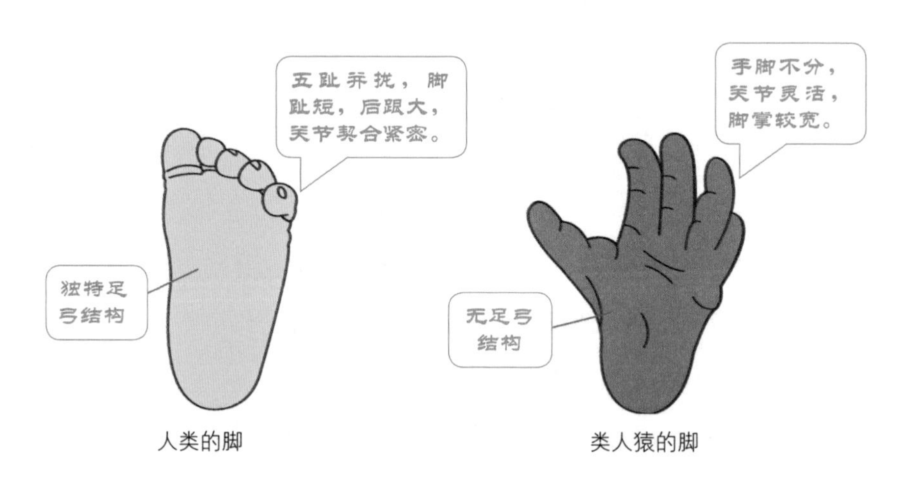

图1-3　人类与类人猿的脚的不同之处

类人猿进化成人后，脚的形状改变为长形，五趾并拢，脚趾短，后跟大，关节契合紧密。这是为了增加直立行走和支撑体重的稳定性，维持行走时向前推动的力量而形成的。脚拥有独特的足弓结构，能够承受身体的重量，有效地发挥行走时的推动力，吸收来自地面的震荡及散发热量；脚还扮演着人体和地面环境接触及身体动作平衡协调的重要角色，提供身体运动时的知觉回馈等功能。

我们的脚是怎样的

人体共有206块骨头，仅脚就占了52块。人脚还有多个关节、肌肉、韧带和独有的足弓结构，将负重分成前后两部分，是人体的“天然避震器”，保护大脑、脊柱、关节等。有趣的是，胎儿的脚在母体里的生长过程，就像一个浓缩的进化过程。

人类常见的三种脚型

著名的意大利艺术家列奥纳多·达·芬奇把脚称为“工程学的杰作和艺术品”，儿童的脚更是珍品。

世界上常见的脚型

埃及脚：拇指比二趾长。

希腊脚：拇指比二趾短。

罗马脚：拇指和二趾、三趾基本等长，四趾、五趾也基本等长。

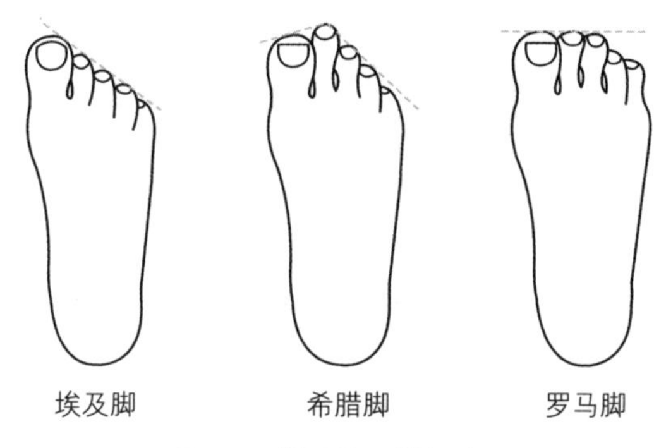

图1-4　常见的三种脚型

中国人群脚型调研统计数据表明，我国人群脚型以埃及脚为主，占60%以上；希腊脚次之；罗马脚很少，以往的脚型调研中几乎没有记录，近些年在福建省厦门市见到过几例。

幼儿时期正常的脚大多是埃及型脚，拇指稍长于二趾，没有肥大突起骨节，脚型端正、圆润；皮肤光滑透明，脚掌柔软，富有弹性，没有硬皮、厚茧、皲裂。

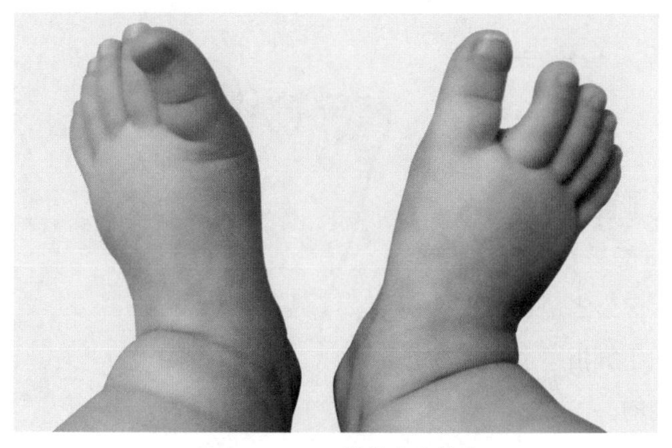

图1-5　一双正常的宝宝的脚

然而，脚的形状变化很大。即使大多数儿童在出生时都有健康、正常的脚，但成年以后，很少有人拥有真正完美的脚。

中国人的脚有什么特征

大多数中国人是繁衍于黄河流域的炎黄子孙，在脚上有特别的地方：小脚指甲是两瓣，不是完整的一片，这又叫骈趾。黑头发、黑眼睛、黄皮肤是亚洲人的特征，小脚指甲分两瓣是我们大多数中国人的特征。

“幽燕豫鲁并滁和，异派同源认未讹。故老相传谈轶事，问君足指果如何？”民国王笃诚的《咏大槐树》，说的是另一个关于脚趾的传说。历史上，山西洪洞大槐树移民历时长、分布广，规模大的达十八次之多，迁民地域达十八省五百余县，涉八百余姓氏，是历代规模最大的官方移民。据统计，全球华人有近2亿人为大槐树移民后裔。传说，为了将来相认方便，祖先用石头将小趾砸开，从此小脚指甲不再是完整的一片。

“谁是古槐迁来人，脱履小趾验甲形”，这也是专家用来论证台湾自古是中国一部分的理论之一，因为当地高山族人的小脚指甲也是两部分的。

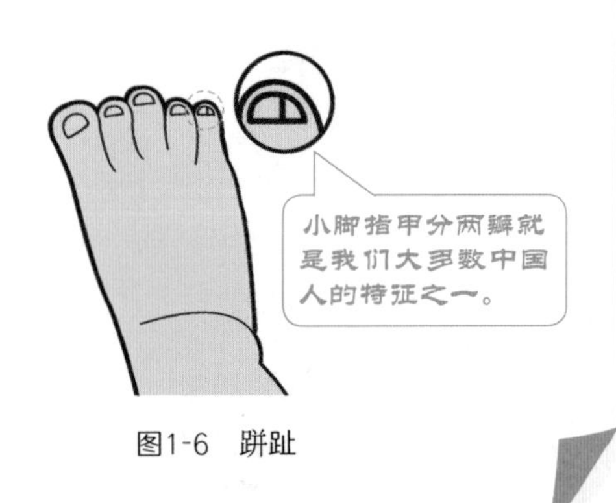

图1-6　骈趾

宝宝的脚不是父母脚的缩小版

宝宝的脚并不是父母脚的缩小版，咱们来看看宝宝的脚和父母的脚有什么不同。

宝宝脚型的特点：脚掌脂肪量大，肌肉薄弱；脚趾张开，拇指较其他四趾内收，脚趾几乎是平的；内外腰部两侧平直弧度小，跟骨较窄；最宽处在脚趾根部。

成人脚型的特点：脚掌脂肪减少，肌肉坚硬；脚趾内收，拇指边的跖骨部位突出；内外腰弧度大，有着显著的后跟；最宽处是跖趾围。

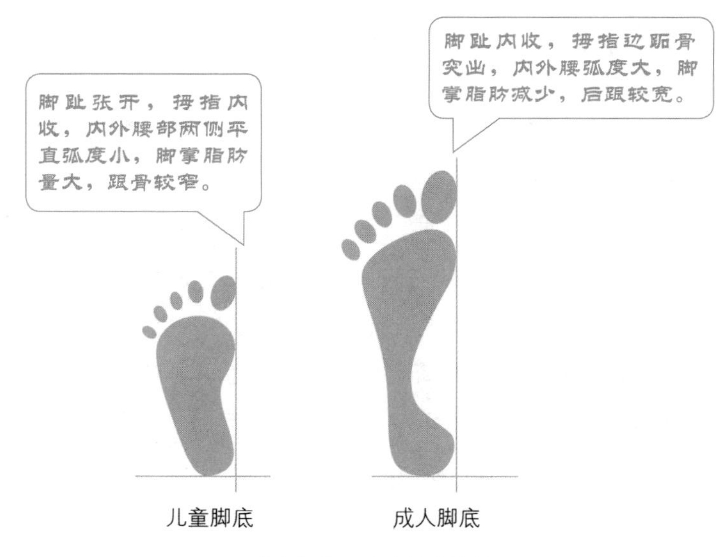

图1-7　成人与儿童脚底轮廓比较

儿童脚与成人脚的不同之处还在于儿童的骨骼没有骨化完成，关节、韧带、足弓、神经系统都处于发育过程中。对于支撑身体的柔软、稚嫩的小脚，任何忽视都可能造成终生的伤害。

人体的生长顺序

从宝宝出生到长大成人，身体的生长是有规律的。

2岁前是按“先头后尾”规律顺序发育的。也就是头先发育，之后是躯干和上下肢发育，新生儿的头约占身长的1/4，2岁时头约占到身长的1/5。

2岁后发育的过程正好相反，是上下肢发育在前，其次是躯干和头。

下肢的发育顺序是脚、小腿、大腿。

腿的发育在20岁左右结束，女孩脚的发育在13～15岁完成，男孩在16～18岁完成。

儿童在7～9岁之前，多数男孩的脚会长于女孩。10岁以后，女孩进入青春期，身体各部位迅速生长发育，一些女孩的脚长超过了男孩，身高也超过男孩。约13岁之后，男孩身体各部位迅速生长发育，女孩的生长速度却减慢下来，这时男孩的脚长又超过女孩，直到女孩的脚停止生长之后，男孩的脚还会继续生长一段时间。

东方脚型与欧洲脚型有什么不同

鞋是根据脚型制作的，制鞋行业最常用的是东方脚型和欧洲脚型，咱们说说这两种脚型有什么区别。

东方脚型的特点：脚掌宽大而且厚，呈直线型；拇指与其他四趾稍微呈八字形，脚趾短而肥；后跟弧度较平顺、圆滑；脚背曲面从腕部下滑时，在跗骨部位像山峰一样高隆起来；脚型短小，略肥。

欧洲脚型的特点：脚掌瘦扁、内弯度大；拇指与其他四趾紧密靠拢，脚趾细而长；后跟弧度较大而且突出；脚背曲面从腕部下滑时，平顺流畅呈坡形；脚型修长，略瘦。

东方脚型和欧洲脚型之所以有差别，最主要的原因是人种有差异。另一个原因是欧洲更早穿着工业生产出的鞋，脚受到的束缚较早，脚型与鞋型比较相配；东方由于气候因素、社会环境等原因，穿真正工业生产的鞋历史不长。日本人是在第二次世界大战后开始穿着工业化批量生产的鞋，我国人民则是在新中国成立以后才真正穿上工厂批量生产的鞋，所以脚型比较宽、散。

值得一提的是，我国人群的脚型并不全是东方脚型。一些地区是比较接近欧洲脚型的，所以只要选择正确，进口品牌和国产品牌都有适合的人群，但是儿童和成人的脚型差异不能忽略不计，儿童不宜穿成人鞋。

为什么许多人左右脚不一样大

很多人认为左脚与右脚是对称且相等的，但实际上是有一定区别的。“右脚先来”是句老话，英文是“get off on the right foot”，现在的意思是“一开始就顺利”。有人说这句话缘于古罗马人的习俗，认为每天早上先穿右脚的鞋，会带来好运，也说明右脚比较灵活，迈第一步、踢毽、控制速度、攻击等运动大都由右脚完成。

“稍息！立正！”我们自己跟着口令动一下，稍息的时候伸右脚，身体重量落在左脚上，立正时收回右脚，身体重量落在两只脚上，可见大多数人在平时站立时用左脚支撑，左脚是保持全身稳定的主轴，所以大多数人左脚略大于右脚。

当然，也有部分人右脚大于左脚。总之，左右脚的作用不同，导致左右脚的大小有些差异，我们无论是自己买鞋还是给孩子买鞋都一定要试双脚，鞋号要满足较大的那只脚。

脚的生理结构与机能

用脚的生物力学原理来解释，脚不仅仅是一个支柱基础，还是适应人体活动的机械装置，双脚既能够支撑体重，又结实有力且动作灵活。同时，生物力学的观点还认为，脚是极易产生异常及不适的身体部位之一。脚与人体健康也有着密切的关系。俗话说“养树护根，养人护脚”，脚上有6条经络通过以及众多穴位和与人体器官对应的反射区，脚底就像一面镜子，反映着人体的健康情况。所以，保护脚，让孩子拥有一双健康的脚，是我们给孩子最好的礼物，也是我们父母的必修课。

脚的独特结构

脚具有非常独特的结构，特点明显。虽然双脚占全身表面积很少，但包含的52块骨头，约占人身全部骨头的1/4，还有多个关节、肌肉和韧带，是实现脚的站立、行走和跳跃等功能的基础。

脚底的组织结构严密，皮肤耐磨、耐压，感觉神经丰富而且敏锐，保持着全身的平衡，传达着来自地面的信息。

脚有多个切合紧密的关节，使脚弯曲、伸缩自如，而多组坚强、复杂的韧带，又对关节起到联络稳固的作用。

人类独有的足弓结构是人体的“天然避震器”，不但能推动前行时的脚掌，还能有效地缓解来自地面的冲击力，保护大脑、脊柱、关节等。

脚部肌肉属于动力肌，一直延伸至腿部，既能促成脚的运动，也维持足弓的结构。

正是这些稳定而灵活的结构，使得人类能够直立行走，但是它们的畸形和异常会影响脚的支持性和运动性，所以我们一定要呵护好双脚。

脚的构成

通常，我们把脚分为前和后两部分，前部包括前脚掌和脚趾，后部包括脚弓、后跟和脚踝。前部以活动功能为主，后部以支撑稳定功能为主。

我们还可以把脚分为脚底和脚面两部分，脚面部分从脚踝一直延伸到脚指头，而脚底包括行走时弯曲的前掌跖趾关节、足弓和负担最重的脚跟部位。脚底与脊椎和大脑有着紧密关系。

脚的骨骼前、中、后部各司其职

骨骼是人体的支架，具有保护脑、脊椎及心、肺、肝、肾等内脏器官和造血的功能。脚的骨骼则是人体的基础支架。

骨骼是一种复合材料，它的主要成分为有机物和无机物。有机物主要是由骨胶原纤维和粘多糖蛋白组成，性质软、易变形；无机物主要由钙质和磷质组成，性质坚硬、脆、易断裂。

儿童的骨质中有机物含量高，比较有韧性，所以很容易变形；老年人骨质中无机物含量高，比较脆。老人很怕摔跤，一摔跤就很容易出现骨折。

脚部骨骼是人体中比较复杂的结构，分趾骨（前）、跖骨（中）和跗骨（后）三大部分。

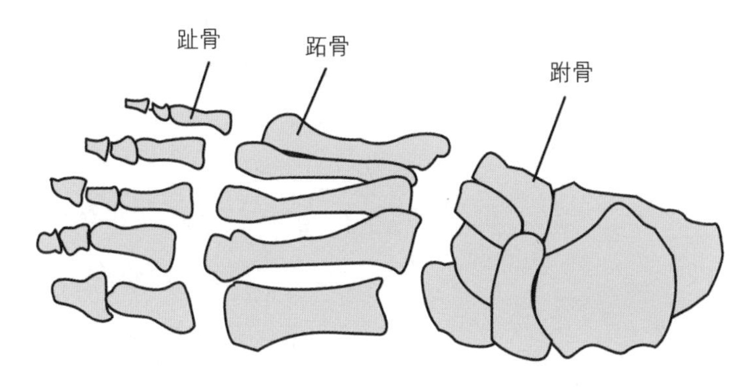

图1-8 脚部骨骼

趾骨：脚前部分。趾骨能够活动，可以做一些抓物品之类的小动作，是脚上较灵活的部分。

跖骨：脚中部分。跖骨比较柔和，有一定的曲挠性。

跗骨：脚后部分。跗骨是人体站立时保持稳定的重要部分，由关节和韧带连接，在行走时也处于固定不动的状态。

脚上的结构奠定了鞋的设计模式，合格的鞋前部要保证脚趾能够活动，中部要具有曲挠性和柔软性，后部则要求具有稳定性和控制性。

脚的变形多发生在幼年时期

到快成年时，孩子的脚部骨骼骨化才能逐渐完成，那些没有完成骨化的部分就是俗称的“软骨”，很容易变形。即使骨化完成，由于骨质中的有机物含量较高，也很容易变形。

许多脚部畸形发生在幼儿期，因为孩子没有表现出很痛苦，所以没有引起家长们的注意，错过了最佳治疗期。

跖趾关节是步行时的活动轴

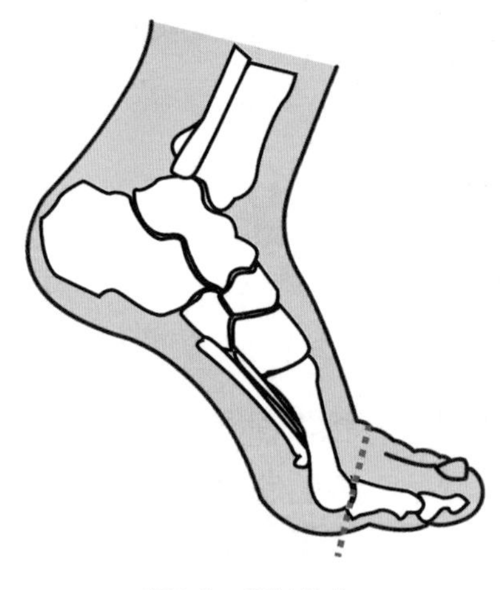

图1-9　跖趾关节

骨与骨之间活动范围很大的可动连接，叫作关节。

脚的跖趾关节是跖骨与趾骨之间的关节，也就是脚掌与脚趾连接的关节。我们常说的脚的弯曲部位，就是靠这个关节维系的。

跖趾关节是一个非常重要的关节，被称为脚步行时的活动轴，是足弓的前支点，对脚的健康影响很大。

踝关节是人体最容易损伤的关节

踝关节是运动关节，属于负重关节，在运动中起着重要作用。

因为内踝高于外踝，运动时外踝不但受到来自身体的压力，还要受到来自内踝的斜向剪力，所以很容易扭伤或骨折，是我们身体最容易发生损伤的关节。

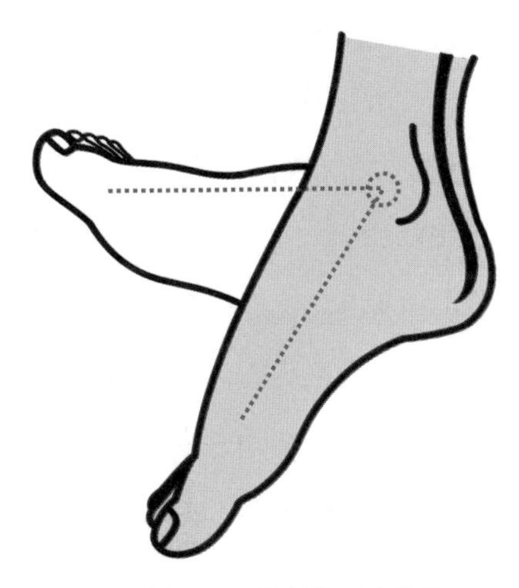

图1-10　踝关节活动范围

比如我们做踮脚这个动作时，往往脚会向内翻，即脚心翻向内，这时踝关节处于“灵活有余，稳重不足”的不稳定状态。当人们在高低不平的路上行走、登山、下山、下坡、下楼梯或跑步、跳跃时，就容易失去平衡导致踝关节的外侧扭伤。儿童的踝关节处于生长发育阶段，很容易受伤，更要多加保护。

脚部肌肉是支持体重和行走的运动肌

人体肌肉有三大类：心肌、平滑肌、骨骼肌。

心肌分布在心脏，其肌纤维为长圆柱形。心肌的收缩很有节律，永不停息，直到生命的尽头。平滑肌分布在血管、消化道、膀胱和子宫等器官的内壁，但它的运动不受人的意志支配。骨骼肌因大部分附着在躯干骨和四肢骨上而得名，受人的意志支配。

肌肉的主要功能是牵引骨骼活动。肌肉一般附着在邻近的两块以上的骨面上，跨过一个或多个关节，收缩时牵动骨骼引起关节运动。人体的任何运动，即使是最简单的运动，都要有肌肉的配合才能完成，有起相同作用的协同肌，也有起相反作用的拮抗肌。

脚部的肌肉属骨骼肌，是用来支持体重和行走的运动肌。因为肌肉和肌腱是跨过关节的，所以肌肉收缩，使关节产生运动。每只脚含有十几组肌肉，且脚部大部分运动会牵引小腿部肌肉。

人之所以能够保持直立状态，是靠肌肉的相互制约、平衡的拮抗性所产生的肌肉紧张来维系的。

脚部肌肉也是维持足弓的要素之一。如果经常不锻炼或营养不良，肌肉不够坚强，无法支撑足弓，会使足弓趋于平坦。

人体皮肤中温度最低的是脚底皮肤

脚部皮肤有表皮、真皮、皮下组织三部分。最外面的是表皮，能够防止细菌侵入体内。中间的是真皮，在表皮以下，有毛发、汗腺、皮脂腺、血管和神经末梢等。最下面的是皮下组织，内有脂肪、血管和神经末梢等，如图1-11所示。

人体为了维持稳定的正常体温，会在神经系统的调节下，一方面产生热量，一方面把多余的热量通过皮肤出汗和皮下血管的扩张排出。如人在运动后，皮肤会通过汗腺把分泌出来的汗液排出体外。

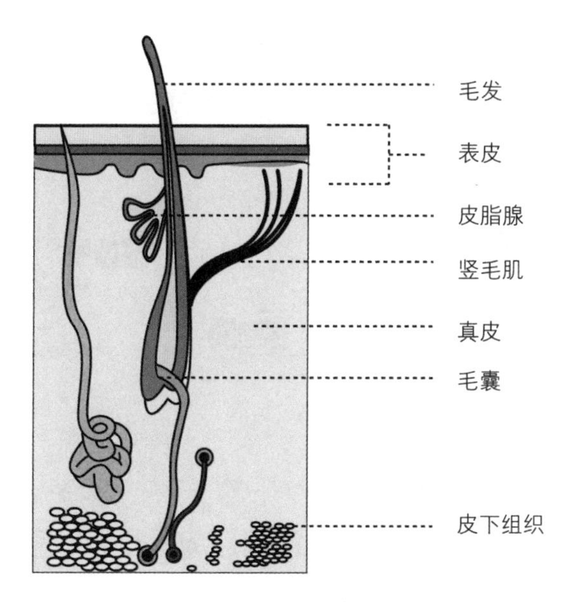

图1-11　皮肤的组成

在整个人体皮肤中，脚底皮肤的汗腺最多，但温度是最低的，儿童活动量比较大，经常出汗，鞋内会很潮湿，这种环境不利于儿童脚的生长，所以既要让脚部保暖，又要尽量保持鞋内干燥。

足弓是人体的“天然避震器”

一位外国的科学家说“人有美丽而伟大的脚底”，为什么这么说？因为人拥有足弓。

人脚底部有内外两个纵向的足弓和一个横向的足弓。

内侧纵弓比较高，有弹性，主要是在走动时发挥推动力和减震作用。外侧纵弓比较矮，基本上看不出来，也没什么弹性，站立时发挥支撑作用。横弓在前脚掌处，跖骨像一座拱桥排列起来，行走时能够缓解前掌的冲击力，也起到向前推进作用。

足弓的功能是负重、行走、吸收震荡及散热。

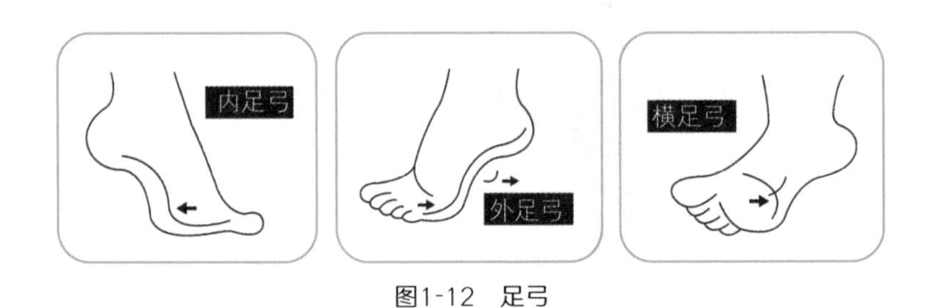

图1-12　足弓

完整的足弓在跑跳或行走时可以缓和、吸收震荡，并保护脚部的血管、神经等组织及脚以上的关节，避免内脏及大脑的损伤，起着减震弹簧的作用。

足骨、韧带、肌肉是维持足弓的三要素。

如果足弓形成不充分或损伤，在站立、行走、跑跳时，脚不能行使正常的支撑、推动及缓冲功能，就会加大脚的整体负担，失去对身体的保护。

传统中医——起止于脚上的6条重要经络

传统中医理论的“经络学说”认为，人体12条经脉中有6条通向双脚，而且每条经脉循环的线路由很多重要的穴位联结。

按照我国最早的医学文献《黄帝内经·针经》和中医“十二经脉理论”中记载，从脚上通过的经脉有：足太阴脾经、足少阴肾经、足厥阴肝经、足少阳胆经、足阳明胃经、足太阳膀胱经。这6条经络包括足三阴经和足三阳经，都是起止于脚部，分布于脚背和脚底。其中足太阴脾经由拇指的趾甲根起，到脚背、脚底间至内踝，沿小腿内侧中央部分上行，过膝、大腿内侧、侧腹后直入胸中，连接胃、肠、生殖器、气管、肺等重要脏腑、器官。

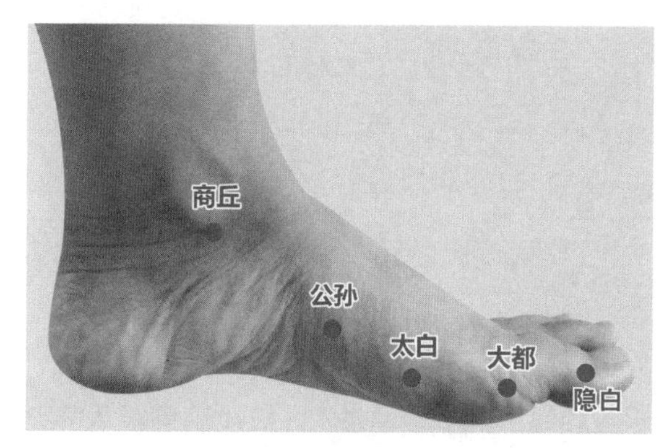

图1-13　足太阴脾经脚上的部分穴位

足阳明胃经由头部沿胸、腹下行，到腿部继续下行，直到第二趾外侧止。

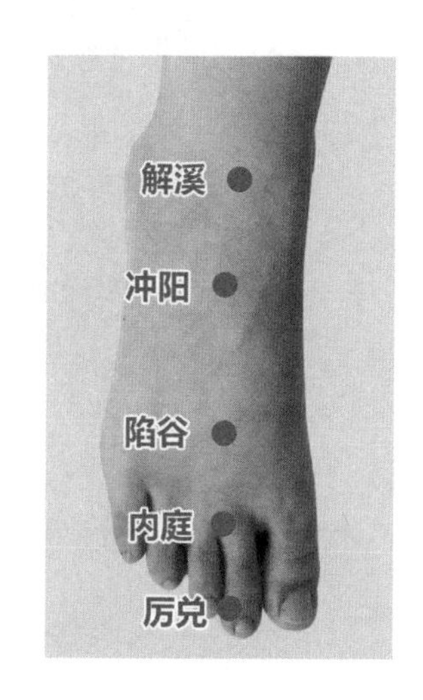

图1-14　足阳明胃经在脚上的部分穴位

足太阳膀胱经自眼内侧起，先上行至头顶，再由后脑、脊柱下行，沿腿部、外踝、脚外缘，直到小趾的趾甲根止，由头至脚直接影响呼吸、消化、泌尿等系统，是人体中最长的经络。

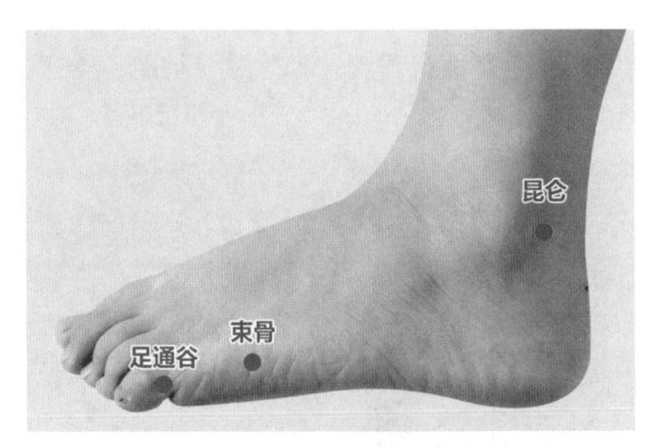

图1-15　足太阳膀胱经在脚上的部分穴位

足少阴肾经起于脚掌的涌泉穴，位于前脚掌八字形凹痕里，斜着通过脚底，沿腿内侧上行至腹部中央线两侧，进入胸中，作用于脑、脊髓等中枢神经，和肾有着密切的关系。

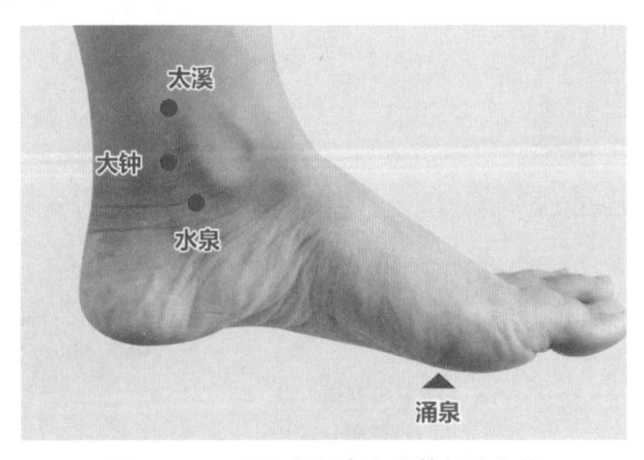

图1-16　足少阴肾经在脚上的部分穴位

足厥阴肝经起于脚拇指外侧，沿脚背、腿前内侧上行至乳下止，作用于肝脏和生殖器。

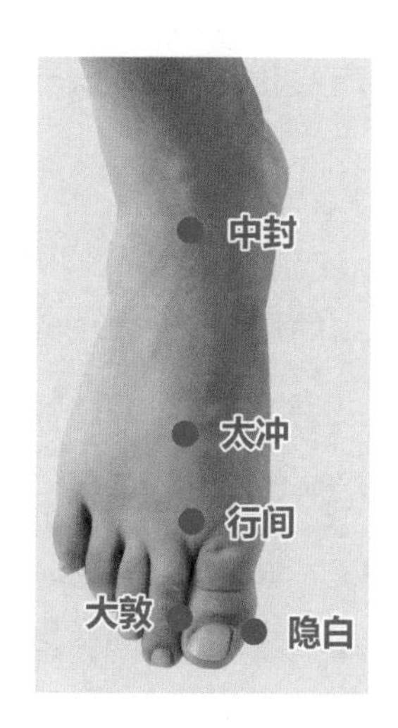

图1-17　足厥阴肝经在脚上的部分穴位

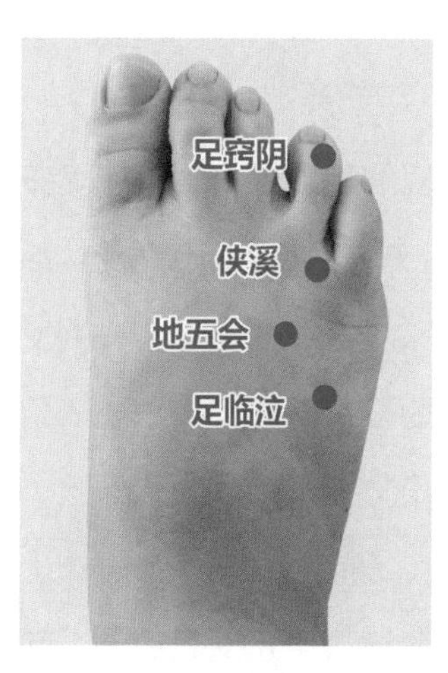

图1-18　足少阳胆经在脚上的部分穴位

足少阳胆经起于眼外，在耳上的侧头部来回三折后，沿颈、肩下行至腿、脚第四趾外侧趾甲根旁止，主要作用于头部、肩膀、胆囊等部位。

中医认为，人之所以生病，大多因为经脉遇到障碍，气血不通所致。刺激脚部这些穴位，刺激信号就会沿着经络的走向传到全身，疏通经络，起到防病治病的作用。

古老的智慧新说——循环反射学

公元前2500年的古埃及石壁的浮雕壁画就有捏脚来治疗身体的图像。古印度的佛教医学，也记录着按摩脚能治疗身体失调的内容。而我国古代更是很早就使用了脚的按摩术来诊病治病。

根据古老的医学发展而来的现代医学中的循环反射学说，解释了脚与身体的关系：人体体内各个生理组织系统，彼此保持着不断的联系、合作和协调关系。从心脏压出的血液，流向身体每一部分毛细血管，靠复杂的血液、神经等能流系统来维持，而脚上布满了毛细血管和神经。

如果人体的某处有异常，按脚部相应的反射区，就会有疼痛的感觉。也就是说，内有脏变，外必有相变，任何器官有病变，都会在脚的相应部位出现病态反应。比如最常见的拇外翻。拇外翻发生的主要原因是穿高跟尖头鞋，不正确的鞋型将脚趾挤压成三角形，使拇指变形，拇指的血液供应不畅，沉淀物积存在反射区上，这个部位正好是颈椎的反射区。久而久之，随着脚的畸形，会产生偏头疼或脑供血不足等疾病。我们在脚型调研中还发现另一个问题，我国中老年男性的拇外翻畸形发生率也不低，可他们并没有穿高跟鞋。办公室职员、教授、工程师的发病率最高，而其中大部分人也基本不穿高跟鞋，为此我们请教了相关专业人士，结论是这些人大多长期伏案工作，颈椎变形，所以引起脚部反射区变形，导致了拇外翻。

脚部反射区之所以这样灵敏，是由于脚属神经末梢，受地心引力的影响，直接通到身体各个相应部位的能流循环很容易在此受到阻碍，成为反应灵敏的反射地带。脚底就像一面镜子，反映着人体的健康情况；脚底就像早期的报警系统，时时提醒我们注意身体的问题。

脚底部分反射区

脚趾

a.大脑、小脑、脑垂体反射区：位于双脚拇指肉球部位，可以促进大脑发育，益智。

b.眼睛反射区：双脚第二、第三趾骨中间与根部，可以缓解视疲劳。

c.颈椎反射区：拇指趾节的内侧，可以缓解颈椎酸痛。

脚前掌

a.肺、支气管反射区：位于双脚斜方肌反射区下方，宽约二指，可辅助治疗感冒、咳嗽、气管炎。

b.肾、肾上腺反射区：位于脚底第二跖骨与跖骨关节所形成八字形交叉点下方。肾上腺反射区在肾反射区上端，可辅助治疗各种疾病，加强肾功能。

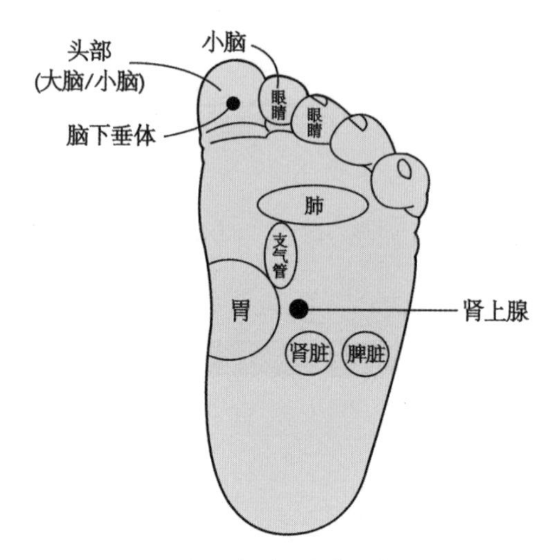

图1-19　脚趾和脚掌反射区

脚弓

a.胃反射区：位于双脚底第一跖骨与跖骨关节下方约一指多宽，可以辅助治疗肠胃疾病，包括腹泻、厌食等。

b.脾脏反射区：位于左脚底心脏反射区下方，第四、第五跖骨的近端，可以辅助治疗肠胃疾病，包括腹泻、厌食等。

c.腰椎反射区：脚弓的内侧边沿，可以缓解背痛、腰痛等症状。

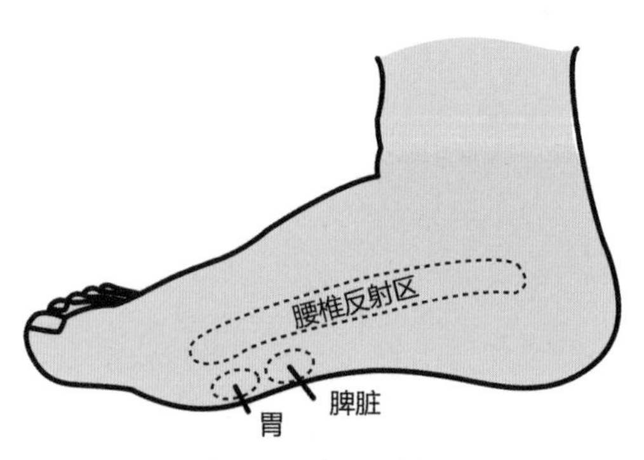

图1-20　脚弓反射区

脚是心脏的“辅助泵”

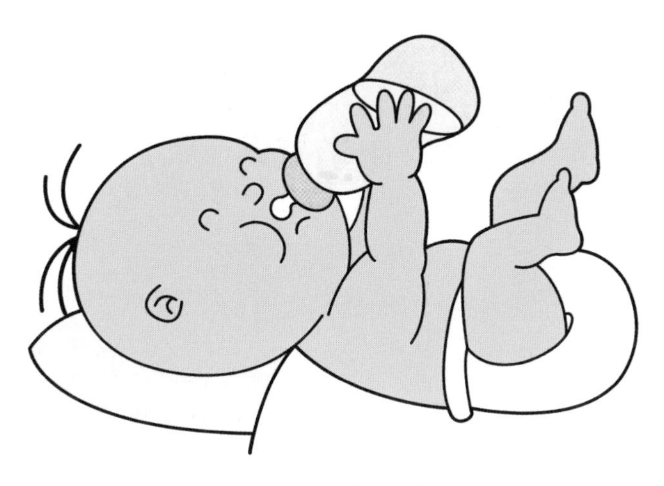

图1-21　吃奶动作

脚是人体距离心脏最远的部位，循环能力较弱。人体中血液、淋巴循环的代谢产物很容易因重力沉积于脚部。沉淀物使循环受阻，导致身体某部位发生异常。

很多妈妈都会有这种记忆：在怀里吃奶的宝宝一边吮吸奶，一边无意识地蹬着小脚。这就是被称为人类本能的吃奶动作，借着蹬脚的力量，刺激血管系统，使静脉血回流到心脏，脚就像心脏的一个“辅助泵”，所以脚被称作人体的第二心脏。

同理，人在行走时，随着脚部肌肉的活动，把远离心脏的血液推回心脏。“生命在于运动”讲的也是这个道理，通过锻炼双脚，多活动脚，促进血液循环，所以要让孩子经常运动，增强体质，才能健康地发育成长。

儿童期最容易出现的脚部问题

儿童稚嫩的小脚在成长过程中非常容易受到伤害。因为儿童期脚部骨骼具有很强的可塑性，任何不适宜的压力和外伤很容易引起脚部问题，如发生变形、出现扁平足、踝关节韧带损伤、拇外翻、足外翻、内外八字步态等。这种可塑性使得畸形发生时孩子感觉不到痛苦，父母因此难以察觉。如果不及时矫治，脚部的畸形会造成下肢承重力线的改变，引起膝部、髋部、腰部的疾病；还可出现脊柱扭曲，椎间盘孔的神经与血管受到压迫，从而造成血液循环不良和神经麻痹，甚至引发二次伤害，失去保护大脑、内脏、脊椎及运动关节的功能。

统计资料表明，脚部疾病患者中，只有少数是先天性的，大部分是由于在儿童期受到外伤或穿鞋不当造成的。

扁平足

足弓的功能是负重、吸收震荡及散热，被称为人类自身的“天然避震器”。任何对脚的损害导致足弓塌陷，都可能使脚失去减震及防护功能，使脚部生物力学发生改变，造成严重的后果。

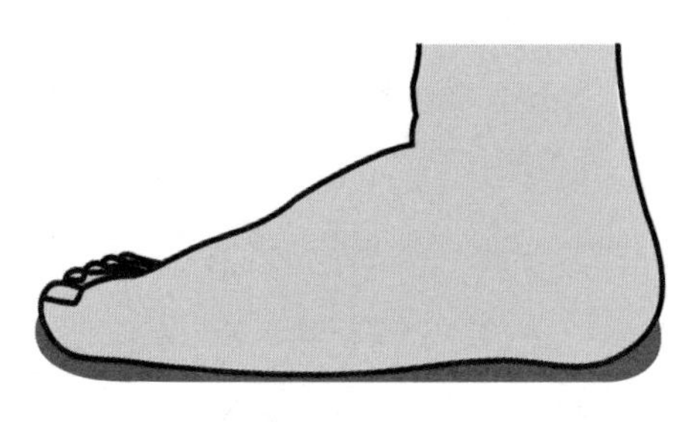

图1-22 扁平足

扁平足在初期表现为站立或行走过久后，感到脚部疲乏，又酸又痛，脚底部发热，脚底中心及脚背可能会出现浮肿。到了中期，疼痛会更加严重，站立和行走都不能持久。发展到晚期的扁平足在跑、跳和长途走路时极为困难，行走步态沉重无弹性，不能吸收震荡力，踝、膝、髋及腰等负重关节将发生创伤性关节炎。

扁平足还会引起足外翻、内八字等多种脚疾。

为什么儿童期是扁平足的高发期

儿童期是扁平足的高发期，因为儿童期身体生长发育迅速，体重迅速增加，活动能力增强，这时候如果营养不均衡，身体过胖或过瘦，都可能造成足肌力量不能适应体重的急剧增加而形成扁平足；又由于儿童身体各部分机能还没有发育完成，不适合的负重、训练或站立过久，也会引发扁平足；穿鞋不合适，鞋面、鞋底材料硬，鞋型窄、后跟高、前跷大的鞋，都会造成骨骼畸形、足肌受损；塑料、合成革等透气性差的材料做的鞋，会使脚处于闷热环境中，引起足肌松弛无力，不足以支持足弓，导致扁平足。

扁平足需要矫正吗

经常有妈妈说自己宝宝是扁平足，询问如何矫正。一般来说，3岁以内孩子的脚底分布着厚厚的脂肪，足弓正处于发育中，脚底基本是平的，怎么能确定是否为扁平足呢？即使真的是扁平足，也不一定需要矫正。

弹性扁平足，即骨骼上没有畸形，而是肌肉的松弛导致的扁平足，原则上是不需要矫正的。美国得州的一项研究表明，将100多个患有弹性扁平足的儿童分成4组，第一组没有使用任何矫正器具，另外3组则分别穿上矫正鞋、矫正垫，3年后根据X光片来测量足弓，结果4组儿童的足弓并没有什么区别。所以医学上认为弹性扁平足是不需要矫正的，可以通过锻炼肌肉来支撑足弓，通过穿着具有防护功能的鞋来减缓对足弓的损害。

足骨结构畸形，大多是先天性扁平足，则需要在锻炼足肌的同时进行矫正。骨性扁平足患儿多伴有外翻足，引起小腿和脚的生物力学改变，出现异常步态，所以要进行矫正，调直力线，保证腿型的发育正常。

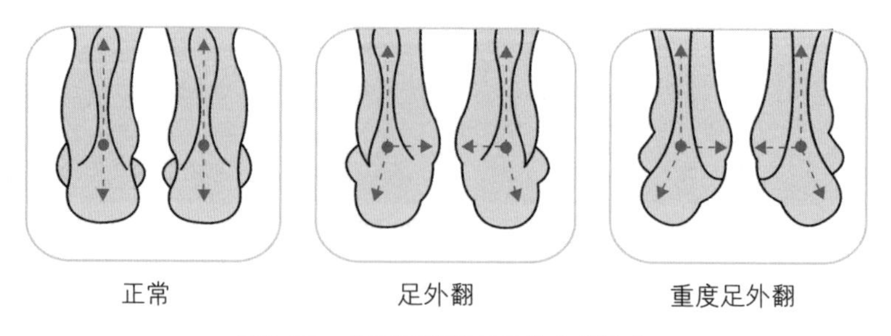

图1-23　扁平足引起的生物力学改变

性格习惯也会影响足弓发育

现在许多家庭对孩子关怀备至，但一些在家庭过度呵护下成长的儿童，性格内向，喜欢独自在家玩耍，不喜欢参加集体活动，特别是体育、舞蹈等活动，这也是大多数足弓发育不良的儿童具有的性格和习惯。家长们可以注意观察您的孩子，在跳绳、踢球、投篮时是否协调，做舞蹈、体操动作时是否优美，是否缺乏节奏感，如果做起来有困难，一定要对孩子进行训练。

我曾经与不少这样的孩子交谈过，其实很多孩子的内心非常渴望加入到运动、舞蹈中去，甚至梦想自己就是运动健将、舞蹈家，但孩子之所以不愿意去，是怕做不好动作被别人嘲笑。孩子的心理变化会使其变得越来越不合群，越来越不爱活动，而由于缺乏应有的运动锻炼，影响到足弓的形成。带着孩子一起参加运动，教孩子享受运动的快乐，可促进孩子足弓及身心的发育。此种运动开始得越早，效果越好。

“足弓平坦化”是世界发达国家共同面临的问题

“足弓平坦化”是世界发达国家共同面临的问题，来自英国、美国、日本等国的研究表明，足弓平坦化日趋严重，且从幼儿期开始，足弓的形成就出现迟缓和异常。

我国的脚型调查结果表明，在条件较好的城市，如北京、深圳、广州等地，儿童扁平足呈高发趋势。华南地区3～11岁儿童扁平足发生率比同龄的西北地区儿童高出不少，原因是条件较好的儿童，经常被车接车送，减少了步行锻炼的机会；追求高档、时尚而穿着不适合儿童的鞋；体重超标；等等。这与医学界认为扁平足是一种“现代文明病”，愈是现代化水平高、经济比较发达的地区，扁平足症发病率愈高相吻合。

足弓低平并不一定是扁平足，但扁平足必然是足弓低平。当今国际社会关注的“足弓平坦化”是引发扁平足的重要因素，并已在我国年轻一代中显现出来。

高弓足

有一次，一位朋友带她的孩子来看我，顺便说起孩子总是走一会儿就说脚痛，好像也不是扁平足，不知是怎么回事，我看过后告诉她孩子是高弓足。

高弓足又名爪形足，是儿童群体中颇为常见的足部畸形。高弓足的纵弓高、脚长短，脚底跖骨头明显突出，脚掌接触地面面积小，跖骨头部位所受压力很大，皮肤易有胼胝（老茧）形成，甚至坏死，因此易产生疼痛。

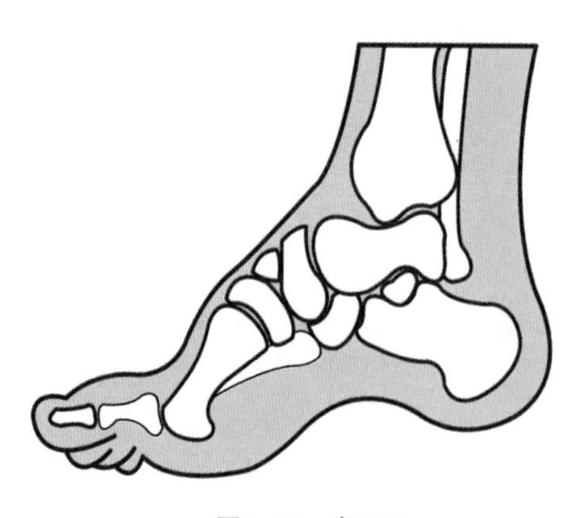

图1-24　高弓足

高弓足的足弓无弹性，多不能长时间站立或行走，很容易疲劳；轻度高弓足患者站立时畸形减轻，甚至消失，足呈正常形态。严重高弓足患者站立时也不会减轻畸形。高弓足会引起足内翻或足外翻。

穿高跟尖头鞋会引发高弓足

造成高弓足原因很多，有先天性的，也有出生后患神经系统疾病所致。

时下儿童高跟鞋的流行，实际上也给儿童足疾埋下了隐患。殊不知，儿童高跟鞋、尖头高跟鞋、尖头小鞋也可以导致高弓足，因为脚前部在尖头鞋里受到挤压，鞋使脚不能伸展，脚背被迫弓起，久而久之就会导致高弓变形。

高弓足要缓解脚掌压力

高弓足的受力主要集中在脚前掌跖骨头部位，无论是站立过久或行走过久，都会产生疼痛。如果是重度患者，需要手术治疗。一般孩子多为轻度患者，运动时可以在脚掌部位加入“跖垫”，把压力分散开来，缓解脚掌的痛苦。家长也可以经常给孩子按摩脚掌，松弛脚掌肌肉，减少疼痛。

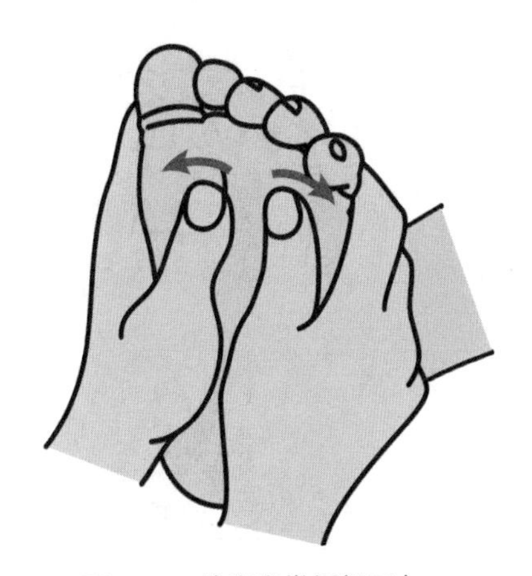

图1-25　按摩脚掌缓解压力

另外，家长要经常观察孩子的鞋是否已经小了，若发现鞋小了应及时更换；不要让孩子穿尖头高跟鞋，即使孩子过了18岁也要注意，许多高弓足是在成年以后患上的。

O形腿和X形腿

O形腿

当孩子双脚并拢站立时，两腿膝盖之间的距离超过4厘米以上，就会被诊断为O形腿。O形腿通常是因营养不良或其他疾病引起缺钙导致；也可能与胎儿在子宫内屈髋、屈膝位置有关，还与儿童的坐姿和睡姿有关。大多数轻度O形腿在4岁之前能自动纠正。

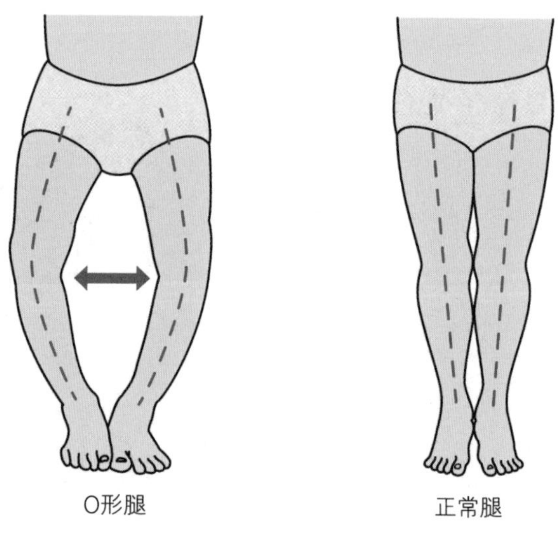

图1-26　O形腿和正常腿

X形腿

当孩子并腿站立时，双脚距离超过7厘米以上，就会被诊断为X形腿。

X形腿的病因之一是下肢骨骼负担过重。X形腿使膝部经常互相碰撞或者出现重叠情况，身体重力线改变，容易导致膝部和髋关节等的疼痛。肥胖儿、扁平足患者易形成X形腿。父母要经常观察孩子的后跟，也就是说在孩子双脚站立时，从后面察看后跟骨有没有向内或向外较明显的倾斜，以保证腿型的健康成长。

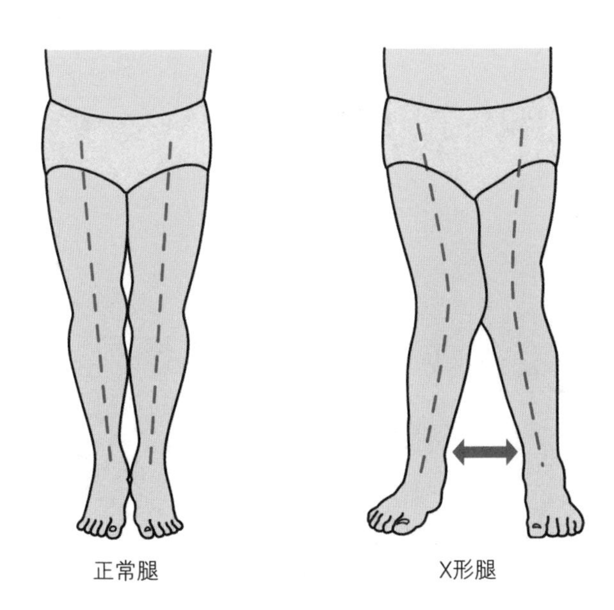

图1-27　X形腿和正常腿

足底挫伤

足底挫伤是指足底肌肉、皮下组织瘀血和炎症反应，由于外伤或脚底与鞋摩擦导致。因脚既要负重又要行走，所以很不容易治愈。

足底挫伤主要是鞋底出现问题，如鞋底不平、鞋底过薄或袜子底部有褶皱等。如果是高弓足，足弓缺乏弹性，运动时跖骨头、足跟与地面撞击力很大，而且受到的应力过于集中，就会引起第一跖骨头或跟骨的挫伤。跑跳时反复摩擦还可造成深部血肿。

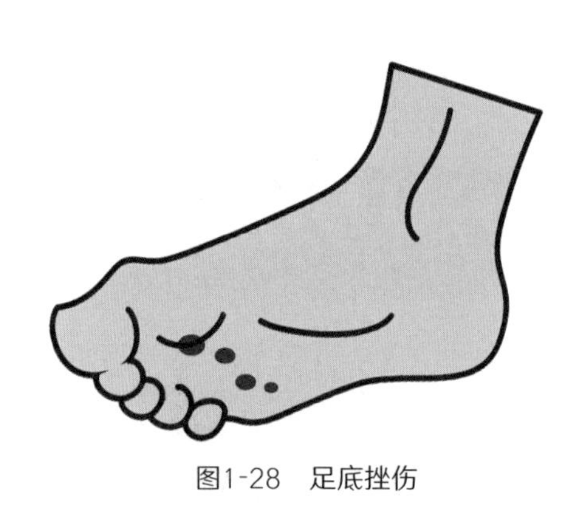

图1-28　足底挫伤

孩子运动时，要穿弹性好、鞋底有一定厚度的鞋，穿着的袜子也要大小合适，袜筒有弹性，免得袜子脱落到脚底的皱褶擦伤皮肤。建议患有高弓足的孩子在鞋内加入具有弹性的跖垫或专业的足弓托垫，改变足底负重情况。

出现挫伤的孩子，要垫柔软的鞋垫，尽量少走路，减小对挫伤部位的压迫。如果及时治疗、保护得当，足底挫伤很快就会痊愈，不会留下后遗症。

踝关节韧带损伤

踝关节韧带损伤俗称踝扭伤、崴脚，发病率在各关节韧带损伤率之首。踝关节韧带损伤后，踝关节发生生物力学不平衡，疼痛、肿胀，皮下瘀血，行动时疼痛加剧，使行动受到限制。伤后如治疗不及时或不当，会造成踝关节复发性脱位，即踝关节不稳定，经常出现扭伤，形成习惯性踝关节韧带损伤；还可继发粘连性关节囊炎、创伤性骨关节炎等，导致疼痛、功能障碍等，影响到儿童今后的生活，对体育、舞蹈活动影响很大。

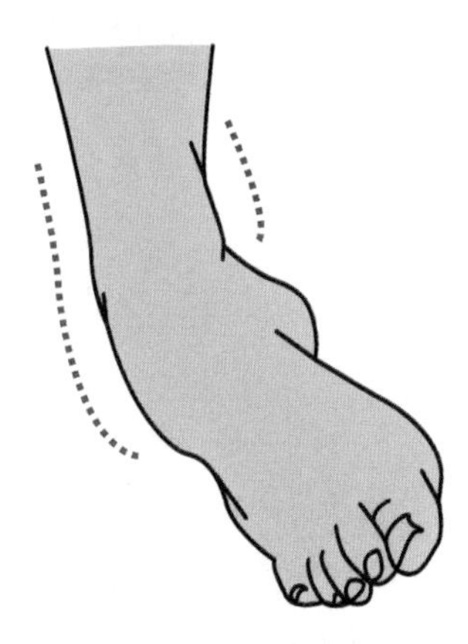

图1-29　踝关节韧带损伤

踝关节扭伤的紧急处理

我上中学时参加体校的篮球训练曾经扭伤过脚，因为老师处理及时，很快就恢复了，没有留下后遗症。下面我就谈谈孩子一旦扭伤了踝部，应该如何处理。

首先要抬起伤脚，不再让它负重，千万不要按摩、热敷，涂抹酒精或白酒。有条件的可以用冰袋或冰水瓶冷敷，可止痛、降温并缓解肌肉僵硬，防止踝部肿胀。之后要立刻去医院检查是否还有骨折等其他损伤，如果只是单纯扭伤，只需用物理治疗的方法。

伤后48小时内处于扭伤急性期，要多休息，不要让伤脚负重；每天冰敷4次，一次15分钟左右，敷完后用绷带压紧包扎。

一般情况下，10天左右就能够基本恢复，但走起路来还有些痛，此时要避免长时间走路和跑跳，坐时或躺时要经常把伤脚抬起来，穿鞋时最好在鞋内加上后跟软垫，减少踝骨的压力。

拇外翻

拇外翻指拇指偏离躯干中线，向外倾斜大于正常生理角度，是脚趾常见的畸形。拇外翻形成后，前足生物力学功能紊乱，拇指后方跖趾关节压力明显增加，行走时局部疼痛逐渐加剧，拇指内侧受挤压的部位红肿、胀痛，皮肤增厚。

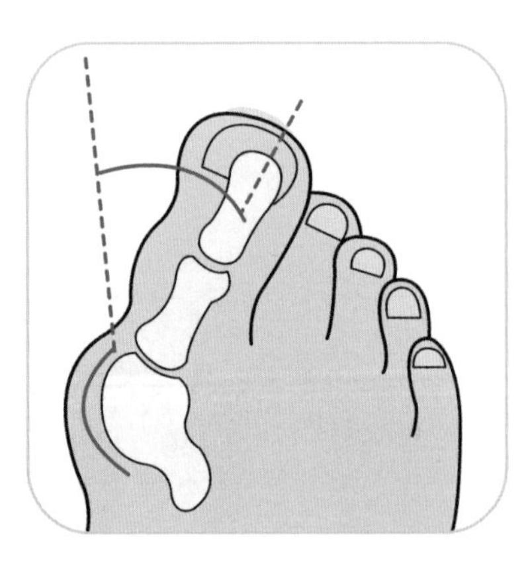

图1-30　拇外翻

拇外翻使前脚变宽，足弓塌陷，外观难看，甚至并发二趾畸形，会严重影响患者的身心健康。

女孩子要格外注意的脚疾

拇外翻患者多为女性，穿尖头鞋、窄头鞋、高跟鞋或顶脚的鞋，使脚趾在鞋尖部受到挤压、束缚，拇指被迫外翻。扁平足患者也可能并发拇外翻。还有一种说法，认为拇外翻与颈椎弯曲有关。

幼儿期拇外翻含有部分先天性因素，男童畸形率略高于女童。但随着年龄的增长，女童畸形人数增加较快。女童的脚在儿童期发生畸形，主要原因之一是女童过早穿上了成人鞋。因此，提醒家长不要为了追求时尚给孩子穿高跟窄头鞋、厚底鞋和前跷过高的鞋，及时查看孩子脚的生长情况，如果鞋小了，就应该及时更换。

严重的拇外翻需通过手术治疗，除此之外没有特别理想的方法，只能加强预防和锻炼。比如，穿适合脚型的鞋，不穿挤脚的高跟尖头鞋，经常向内侧活动拇指，在家可穿一穿夹脚趾的“人”字拖鞋，锻炼足肌等。

脚跟痛

发生在儿童期的脚跟疼痛，主要由跟骨骨骺缺血性坏死引起。儿童喜爱跑跳，致使肌肉拉力反复、长时间集中于跟骨结节骨骺上，发生慢性劳损，从而导致跟骨骨骺缺血性坏死。发病期间，脚跟缺乏弹性、疼痛，而且会放射到小腿部分，重者会出现走路困难，非常痛苦。

引起足跟痛的还有跟骨骺炎，多见于爱运动的孩子，高发期在8～15岁。

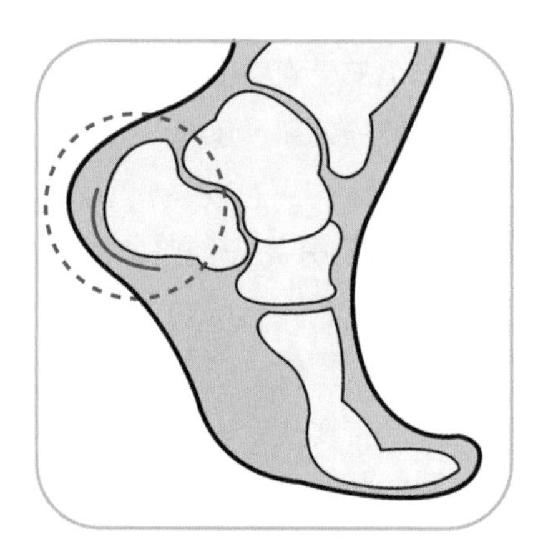

图1-31　脚跟痛

儿童赤脚或穿着鞋底很薄的鞋、没有鞋跟的鞋和鞋底没有弹性的鞋（如布鞋、平底的球鞋等）在坚硬的路面上行走、跑、跳都是引起脚跟痛的原因。儿童脚跟痛一般多采用物理治疗方法，要多休息，少站立或行走，少穿鞋底不足5毫米厚的鞋，可选择有弹性的、有一点儿后跟的鞋，最好配有后跟软垫，减少硬地面对脚后跟的撞击。

足舟骨缺血性坏死

患上足舟骨缺血性坏死时脚背和脚内侧缘疼痛，行走负重时疼痛加剧，脚背有压痛和轻微肿胀，脚的活动受到限制。

足舟骨是足骨中最后骨化的跗骨，它是构成足内侧纵弓的顶点，是重心集中的部位，负载很大，如受到外伤或疲劳损伤，挤压到骨化中心，使进入舟状骨中心动脉的血供中断，就会导致足舟骨缺血性坏死。

此病多发于4～8岁儿童，以好动的男孩子居多。

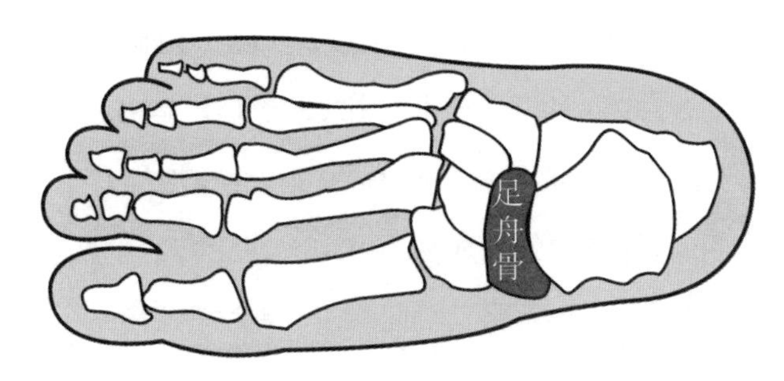

图1-32　足舟骨缺血性坏死

足舟骨缺血性坏死以预防为主

如果孩子脚背肿痛，应停止运动，限制患足的活动，避免负重，到医院进行处理；严重的情况下需使用行走石膏靴固定。轻者可在鞋内加软垫，最好是有专业机构提供的内侧加高10毫米左右的软垫，改变脚内侧缘的受力情况。一般2～3年会恢复正常，或留下轻度扁平畸形。

足舟骨缺血性坏死的预防首先是避免外伤，穿鞋帮面具有一定保护性的鞋，如皮鞋、旅游鞋等。鞋要松紧适度，不可压脚面，儿童最好穿可调节的款式，如系带式、搭扣式等。脚在活动后，脚部毛细血管张开会使脚变得肿胀，应适当地调节鞋的松紧度，避免鞋面挤压脚面。

嵌甲和甲沟炎

嵌甲是趾甲的侧缘长入边上的肉里，多发生在脚的拇指上。甲沟炎就是人们经常说的趾甲往肉里长引发的炎症，是由嵌甲引起的。

早期不伴感染时叫嵌甲，仅有甲沟软组织增生；当出现感染时，趾甲周围皮肤皱襞的炎症称为甲沟炎，这时有明显的红肿、疼痛，甚至流脓现象，还可引发败血症，严重时需拔出趾甲。慢性甲沟炎有时可继发真菌感染。

嵌甲多出现在拇指的一侧，有时会在两侧同时发生。趾甲刺入或将要刺入侧端甲褶皮肤层（甲沟软组织），当孩子走路时，脚受到压力就会感到疼痛，从而影响行走。

造成嵌甲主要有三种原因，受到砸、压等外伤，趾甲修剪得太短、太深和穿顶脚、挤脚的鞋。穿瘦小的鞋，将趾甲一侧压弯，致使趾甲侧缘向甲沟组织内生长；修剪趾甲方法不当，侧缘剪得过短、过深，使侧缘趾甲嵌入甲沟软组织；外伤使甲板撕裂，甲沟与甲板侧缘靠近，趾甲向甲沟软组织长入。另外，甲癣、趾甲营养不良等，也会使趾甲变脆或增厚，变形的趾甲侧缘继续生长，抵住甲沟软组织而发生嵌甲。

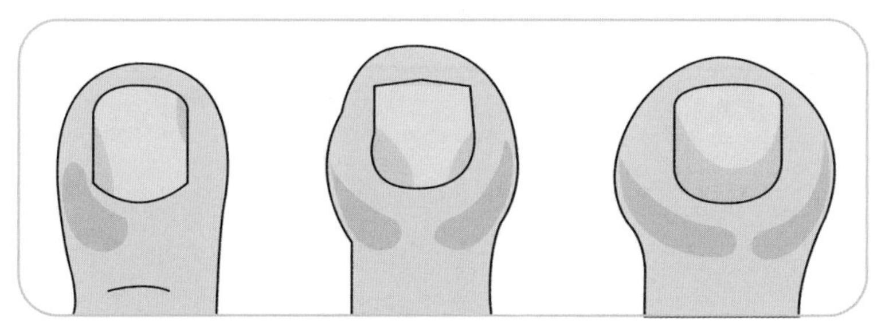

图1-33　嵌甲和甲沟炎的发病过程

孩子的趾甲不能剪成弧形

几年来，我看过无数双孩子的脚，趾甲真正修剪“合格”的不足三成。一位妈妈和我聊到给孩子剪趾甲的问题时，她说自己最怕的是把宝宝的小脚趾给剪伤了，但她总是习惯给孩子把趾甲剪得很短。我告诉她孩子的趾甲不宜剪得过短，她说怕趾甲里藏脏东西不卫生。

如果只是把脚趾剪伤，可涂上碘酊后，用无菌纱布包扎保护，避免发生感染，很快就能痊愈。但如果形成嵌甲，再继发甲沟炎，那就不是小事了。

正确的剪趾甲方法是把趾甲剪平，而不要剪成弧形，趾甲两边的侧角留在甲沟的皮肤之外，不然趾甲的两侧缘角嵌入肉里，被挤压或受到外力就可能形成嵌甲。另外，如果趾甲边缘出现轻微伤或红肿，一定要注意保护，穿透气的鞋子，保持脚部干爽，避免出现化脓现象。

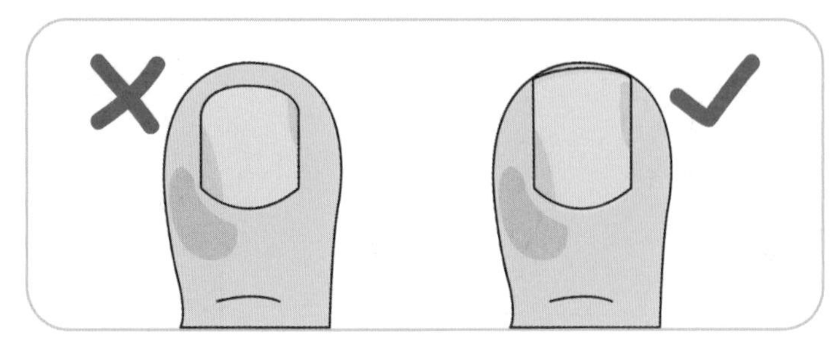

图1-34 趾甲的正确及错误剪法

嵌甲的预防还有不穿尖头、扁头鞋，不穿过小的鞋，以免压迫脚趾；也不要穿过于肥大的鞋，否则脚趾在前面不稳定，撞上鞋头也很容易受伤。

如患有甲癣，要抓紧治疗。一旦患上嵌甲，要及时治疗，防止刺伤甲沟，引起发炎和炎症的蔓延。

孩子趾甲的几种常见问题

灰指甲

灰指甲是由真菌感染而引起的甲癣。一般是从趾甲的边缘开始甲床增厚，慢慢发展到整片趾甲，成为粗糙呈灰色或白色肥厚的趾甲。

灰指甲并无痛苦症状，但很难看，治疗起来也很麻烦，要用锉刀削去肥厚的甲片，每天数次擦药等，久治不愈还可能需要外科拔除病甲，不论孩子还是大人心里都会很痛苦。

灰指甲预防的办法是在家里穿自己的拖鞋，尽可能不要混穿，以免交叉感染真菌；保持脚和鞋的卫生，减少穿透气性差的鞋，每天回家后把鞋口打开通风。

黑指甲

趾甲下瘀血造成的趾甲发乌，叫黑指甲。造成黑指甲的主要原因是外伤、鞋太小或趾甲过长。脚趾部位受到砸、磕、碰等都可能引起黑指甲；如果鞋太小，步行中每次用脚趾蹬地时，脚趾就会与鞋尖部发生碰撞，趾甲过长也会发生这种状况；还有就是跑下坡路时突然停下，脚趾向前顶撞鞋头伤及趾甲。时间长了，这种针对脚趾的伤害会造成趾甲下部瘀血，随后趾甲就会变成黑色。

黑指甲随着趾甲的生长会逐渐移向趾尖，可以经常用温水清洗浸泡。由于孩子的甲床还未成熟，需要用胶布缠裹住进行保护。

足癣及脚臭

足癣又叫脚气，通常在脚趾间或者脚底发生，并且可以发展到全身，是一种真菌感染，主要症状是鳞状上皮脱落、瘙痒、炎性反应和水疱形成。

足癣是皮肤真菌所致疾病中最为顽固的传染性疾病，是出现在脚趾和脚底之间的真菌导致的红色裂口，发生脱皮和瘙痒，令人十分痛苦。足癣还会引起脚趾和手指之间的交叉感染。虽然不会给孩子的健康带来多大的威胁，但影响脚的美观，造成心理负担。而且很可能通过抓挠或轻微的外伤，自身传染成为体癣、股癣等，还可能在与家人的密切接触中传染。

湿热的鞋内环境是脚臭和足癣的温床

脚臭是脚部散发异味，在少年儿童期非常多见。脚部汗腺多，分泌的汗液也多。汗液主要是水，含少量有机物，本身是无臭味的，但过度地分泌，使得鞋内充满了汗液中的脂肪和蛋白质。脚穿袜子套在鞋里，鞋袜的通气不畅，多汗又不易挥发，制造了一个湿热的环境，很适合细菌的繁衍，汗液内有机物被细菌分解后就会发出臭味，出现足癣和脚臭。

鞋内湿热的环境是足癣的温床。有调查显示，长期穿胶鞋工作的人，80%患有足癣。因为胶鞋不透气，汗液积攒，鞋内潮湿，使脚部皮肤抵抗力下降，有利于真菌侵入皮肤角质层，导致足癣的发生。

不可忽视的脚臭问题

我在《学生及儿童皮鞋的研究与开发》《中国人群脚型规律的研究》两个科研项目中接触了全国20余个省（区、市）的儿童的脚。记得在项目总结会上，我谈到大家“不怕苦、不怕累、不怕臭”时，引来一阵哄笑，但我却笑不出来，因为儿童脚臭实在是个非常大的问题。且不说测量脚型时我们所受到的“熏陶”，就是在近半年的时间里，每天打开存放有孩子们脚印测量表格的办公室门时，里面的臭味仍会扑面而来。我们听到家长最多的询问也是脚臭，脚臭因何而来呢?

正常情况下，人体在神经系统的调节下，一方面产生热量，一方面又把过多的热量通过皮肤出汗和皮下血管的扩张加以排出，以保持人体稳定的正常体温。人在运动后，皮肤会通过汗腺把分泌出来的汗液排出体外；同时，人体的大量水分也会从皮肤表面蒸发出去。

脚部皮肤面积约占全身总面积的7%，而人体汗腺的近40%聚集在脚部，约有25万多条，每天排出的汗液约有一小茶杯。汗液中的脂肪、蛋白质加上鞋内的湿热环境，很适合细菌的繁殖。孩子们运动量大，脚出的汗也多，脚臭是不可避免的。然而，需要引起我们高度重视的是脚臭背后隐含的问题——鞋的透气性能。

如果长时间穿着透气性差的合成革鞋、塑料鞋和加入海绵内里的运动鞋等，不仅会引发脚臭、足癣、甲沟炎等。更严重的是，鞋内湿热环境还会使足底肌肉松弛无力，不足以支撑足弓而导致足弓平坦，使足弓失去对身体的防护功能，引发二次损伤。所以，家长们千万不要忽视孩子的脚臭，要让孩子的脚处在一个干爽、清洁的环境里。

培养孩子蹲下穿鞋、脱鞋

足癣和脚臭的预防主要是保持脚部卫生、干爽，经常更换鞋垫，这就需要家长给孩子养成穿鞋、脱鞋时蹲下身来的习惯。蹲下脱鞋时，可以认真地把鞋带解开，把鞋口敞开，顺便把鞋垫拿出来洗或晒，再将其放在通风处；蹲下穿鞋时，可以完全把脚穿入鞋后系好鞋带，很多孩子站着穿鞋时都是脚踩着后帮穿进去的，这样不但毁鞋，而且容易养成办事毛毛躁躁的习惯。有教育学家认为，蹲下穿鞋、脱鞋可以培养孩子严谨、认真、有条不紊的学习态度，一个良好的习惯能够使孩子受益终生。

脚趾缝是很脏的地方

日本的石塚先生是一名医疗专家，他做过一个这样的实验，把工作职员的腰、肩、上臂、前臂、脚趾间、前脚掌、脚后跟等部位分别贴上一小块消毒纱布。然后让他们进行正常的工作，下班时把纱布收回。将这些纱布放入琼脂培养基中培养，48小时后数出细菌的群落数。

结果如图所示，与其他部位相比，脚虽然穿着袜子和鞋，却非常脏。其中脚趾间的脏污程度是惊人的，压倒所有部位。可见，每天都要认真地给孩子洗脚，脚趾缝不能忽略，之后还要认真擦干。袜子也需要常洗，最好每天一洗，鞋垫也要经常更换，以保持鞋内的清洁。如果鞋内通风透气，就可以降低脏污程度，避免细菌的繁殖。

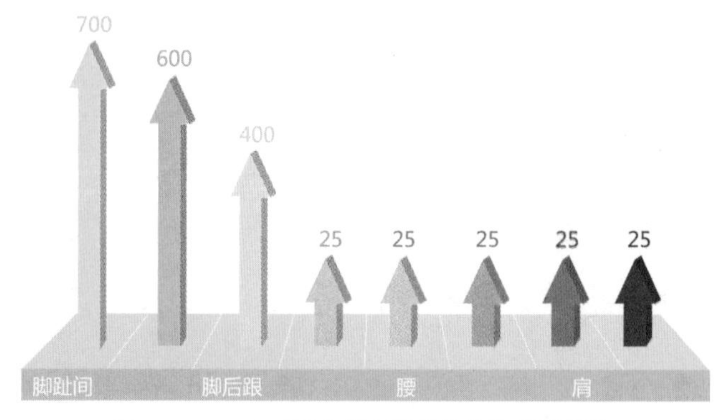

图1-35　48小时后身体不同部位的细菌群落数

2

第二章

童鞋是如何制作出来的

鞋在中国古代被称作“足衣”，顾名思义，也就是脚的衣服。然而，鞋的制作工艺比服装要复杂得多，鞋对人的伤害，也远远大于服装。统计资料表明，脚部疾病患者中，只有少数是先天性的，大部分则是由于在儿童期受到外伤或穿鞋不当造成的。面对品种繁多的鞋，了解得越多，越能够知道如何为孩子选鞋。

中国鞋号标准中童鞋的码段和码数

中国鞋号是以毫米为基准的，鞋号对应的是脚长。比如，脚长130毫米，那么就可以穿130码数的鞋。中国鞋号标准对童鞋进行了码段和码数的分类：

婴儿鞋码段：90～125号；

小童鞋码段：130～170号；

中童鞋码段：175～205号；

大童鞋码段：210～245号。

顺便说一下，成人女鞋的码段是220～250号，250以上是特大号女鞋。成人男鞋的码段是235～275号，275以上是特大号男鞋。

童鞋是怎样制作出来的

鞋本身就是一系列发明的起点。

——《原始旅行和交通》

在妈妈眼里，宝宝的鞋更像一个玩具，这些可爱的鞋子是怎么制作出来的？许多家长认为童鞋比成人鞋小很多，应该做起来更简单、更容易。其实不然，“麻雀虽小，五脏俱全”，童鞋的结构和工序都与成人鞋相同，甚至多于成人鞋。在生产时，因为童鞋小，要求加工设备更加精准、工人的技术更加娴熟，所以童鞋的价格并非比成人便宜。因为很多父母认为童鞋很快就小了，不愿意给孩子购买贵的鞋，导致很多企业不愿意生产童鞋，更有些企业选择劣质材料，甚至是工业边角料来粗制滥造，严重影响儿童足部健康，这也是很多家长抱怨给孩子买不到好鞋的原因之一。在这里，咱们了解一下童鞋制作的简单过程。

童鞋款式设计

款式设计要根据鞋的流行趋势、时尚色彩与面料等绘制鞋的效果图。

设计说明：

鞋子设计灵感来自《超级飞侠》，是奥飞动漫历经三年重金打造的一部全新儿童3D动画作品，讲述了飞机机器人乐迪与一群称为"超级飞侠"的小伙伴环游世界，为小朋友递送包裹，并帮助他们解决困难的故事。鞋子主要的设计思路是动漫IP的形象元素在童鞋上的应用，使用带珠光的超纤皮和MD+橡胶复合鞋底。眼睛部分使用滴塑+LED闪灯，增加鞋子的童趣。

图2-1　设计效果图

鞋楦设计

鞋楦是鞋的成型模具。儿童鞋楦的设计要符合儿童脚的生理特点，也要符合儿童的脚型规律。

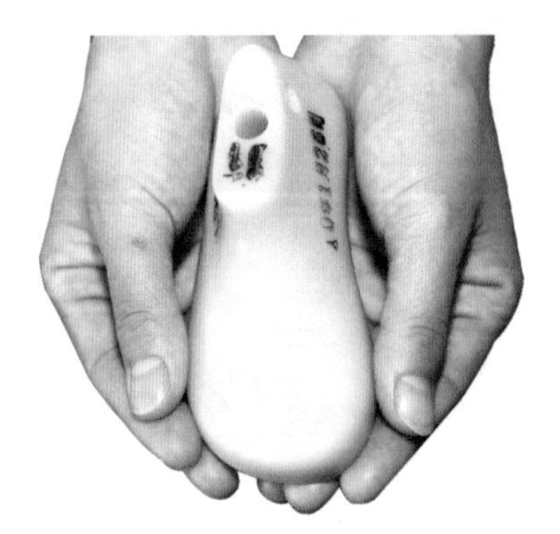

图2-2　可爱的宝宝鞋鞋楦

鞋楦是鞋的灵魂

鞋楦是鞋的模具，也是鞋的灵魂所在。一双鞋的造型取决于鞋楦，最能突出鞋子美感和流行特点。更重要的是，鞋楦在很大程度上决定着鞋的舒适性、平衡稳定性等功能。如果鞋楦不适脚，会导致脚疾的出现。

鞋楦设计应符合儿童脚的生理机能，符合儿童脚型，还要适合中国人脚型的特点。根据脚型的三维立体空间，经过适当、合理的修正与设计，使不规则的立体脚型变成有规则的立体鞋楦。

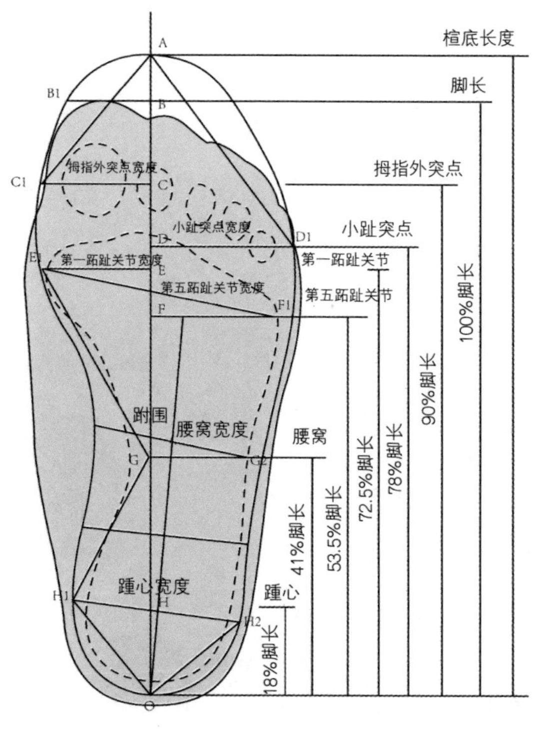

图2-3　鞋楦设计

从鞋楦的发展来看，最早出现的是“直楦”，即不分左右脚的鞋楦，做出的鞋也不分左右。当年左右对称鞋楦出现后，制鞋业并没有推广开，因为直楦很适合手工制鞋者。当时的鞋楦是用木头费力地刻出来的，一只鞋可以加工得很匀称，但一双就很难保证，对称楦也增加了鞋的成本。1863年，美国南北战争时联邦士兵在长途行军中穿着依据直楦做的不分左右的鞋，脚受到了严重的创伤，人们才开始重视鞋楦。最早成批使用左右对称的鞋楦用于军鞋，可见鞋楦对鞋很重要。

鞋帮样和鞋底设计

在鞋楦上画出鞋的式样，叫作帮样设计。根据鞋楦的底部形状设计出鞋底，叫鞋底设计。

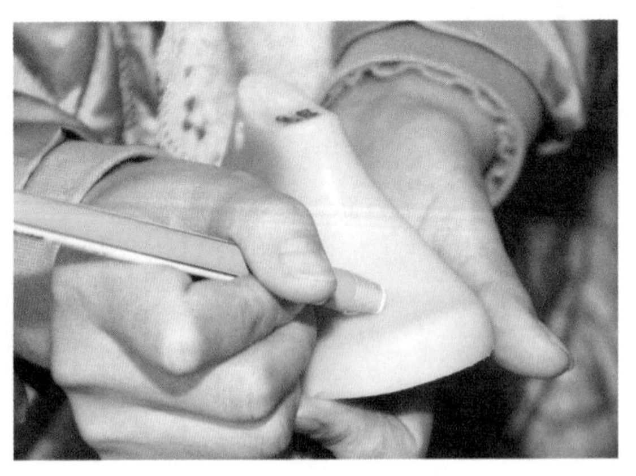

图2-4　在鞋楦上进行帮样设计

下料和制帮准备

选择皮料剪裁出鞋帮面、鞋衬里，把鞋口、鞋边修整好，装饰上图案、小花结等。

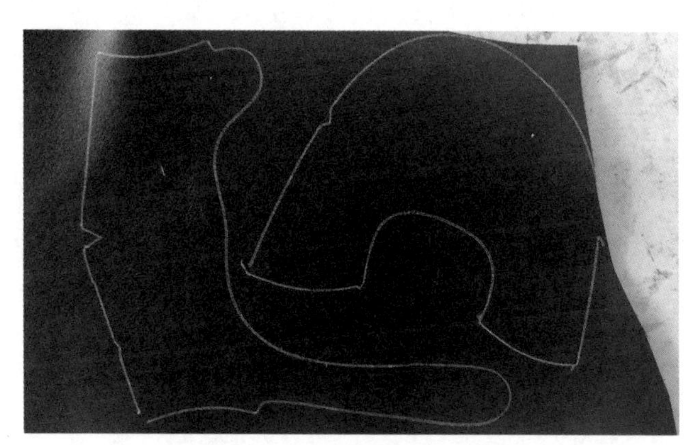

图2-5 在一整块皮子上裁料

图2-6 鞋帮面抿边

童鞋常用的面料

童鞋因为其特殊的工艺和穿着要求，鞋帮采用高级天然皮革的不多，大部分采用一般的天然皮革、牛二层皮、牛反绒皮、PVC、PU皮革、牛巴革、超细纤维和网布等几大类。

天然皮革：牛皮、羊皮、猪皮，手感舒适、光泽度好，有一定回弹性，吸湿透气性好，是比较理想的鞋面材料。

牛二层皮：牛皮最好的是第一层，也叫牛头层皮。顾名思义，牛二层皮是片下的第二层皮。因为二层皮片下来是绒面的，要在上面涂很厚的涂料，再压上皮革毛孔、纹路，乍看起来跟牛头层皮很像，但手感和透气性相差很多，价格也便宜很多。

牛反绒皮：片下的牛二层皮直接进行染色等工艺，就成为绒面皮，透气性和其他性能都很好，而且价格便宜，是一种适合做中低档童鞋的材料，缺点是鞋穿脏后打理比较麻烦。

PVC：大多数较便宜，质地差，不透气，不耐寒，不耐折，现在鞋面使用很少。

PU皮革：目前市场上使用最普遍的材料。PU皮革柔软，富有弹性，手感好，表面多有光泽，色彩丰富，但是透气性较差。

牛巴革：牛巴革是仿照天然皮正绒革外观，表面多呈磨砂状，手感粗涩，少有光泽或呈消光雾面，但多数无弹性，透气性差。

超细纤维：俗称超纤，质感柔和，质地均匀，性能很接近天然皮，但比天然皮厚度更均匀，弹性更均衡，是人造革类最好的材料之一，成人鞋使用较多，童鞋也有使用。

网布：轻便而且具有良好的透气性、耐弯曲性，在春夏季儿童运动休闲鞋上使用非常广泛。

缝制帮面

用胶水把鞋帮的前部与后部、衬里粘起来，上缝纫机缝合，鞋帮就制成了。

图2-7　鞋面缝制

鞋前、鞋后的保护装置

包头是装在鞋的前头部位、鞋帮面与鞋帮里之间的支撑定型件，可以防止鞋变形、美化造型，还可以保护脚趾。

图2-8　包头

主跟是脚帮部位、鞋帮面与帮里之间所加的支撑定型部件，起固定、支撑作用，能使脚在鞋内保持正确的位置，保护踝关节的稳定。

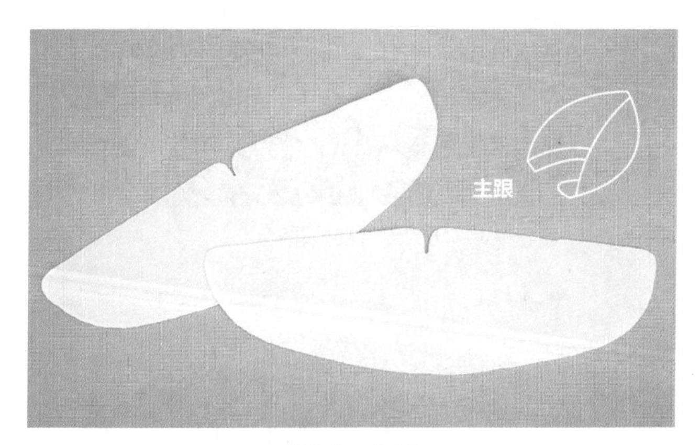

图2-9　主跟

绷楦

在鞋楦底部钉上中底板，把裁剪好的主跟、包头夹在鞋帮面和鞋衬里之间，绷在鞋楦上，鞋的上半部就基本定型了。

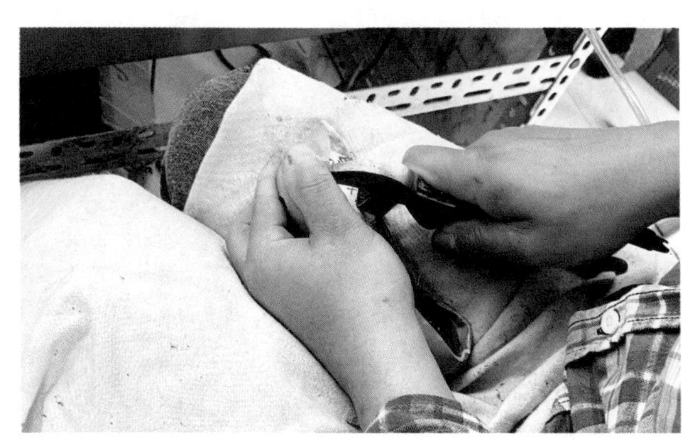

图2-10　绷楦

勾心是鞋底的重要部件

勾心是安装在鞋的内底与外底之间、鞋跟重心到前掌的补强件，由钢板、塑料、竹片等制成。勾心可起到支撑足弓，隔热、隔水的作用，还能让走路时鞋的弯折部位与脚的弯折部位相吻合，减少步行时脚的受力。当皮鞋跟口高度高于8毫米，或后跟高度高于20毫米，鞋号大于200时，才会使用勾心。

图2-11　勾心

上鞋底、定型、拔楦

在鞋楦底部的中底上加上勾心，把鞋楦底部和鞋底分别用砂轮打毛，刷胶、黏合，再通过加热定型后，把鞋从鞋楦上拿下来。

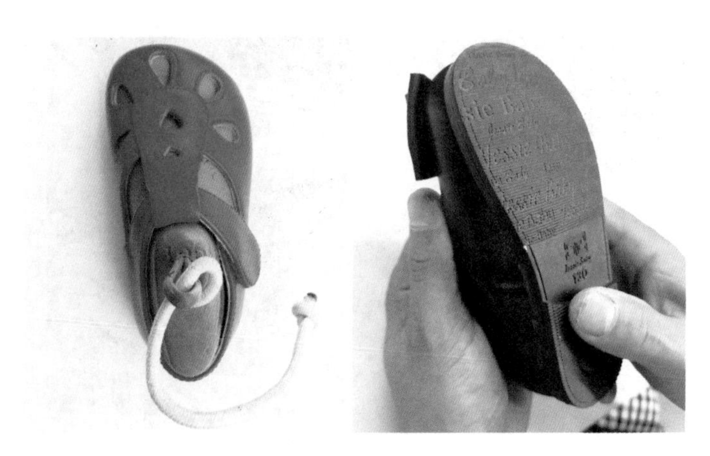

图2-12　上鞋底和定型

儿童休闲运动鞋常见的鞋底材料

鞋不单能传达道路情况、感觉脚下状况，同时还有护脚、防滑、减震的功能，而承载此重任的，莫过于鞋底。一双鞋根据运动的类型、穿着的对象等不同，需要具备的功能不同，显示出的效果也不尽相同，而这方面最重要的莫过于鞋底材料的应用，童鞋常用到的鞋底材料有如下几种。

MD底：又称PHYLON，属于EVA二次高压成型品，是国际上跑鞋、网球鞋、篮球鞋中底的主要用料，也可用于儿童休闲鞋大底。优点为质轻、有弹性、外观细腻，柔软度、抗撕裂、延伸率俱佳，而且容易清洗。缺点是不易腐蚀不利于环保，易皱，高温时易收缩。

图2-13　MD底

TPR底：以TPR粒料热熔后注模成型，常用于慢跑鞋、慢步鞋、休闲鞋中底、大底。优点是弹性好、易成型。缺点是材质重、不耐磨、不耐折。

图2-14　TPR底

PU底：高分子聚氨酯合成材料，常用于篮球鞋、网球鞋中底，也可直接用于休闲鞋大底。优点为密度、硬度高，耐磨、弹性佳，有良好的抗氧化性能，易腐蚀利于环保，不易皱折。缺点是吸水性强、易黄变、易断裂、延伸率差、不耐水，易腐烂。

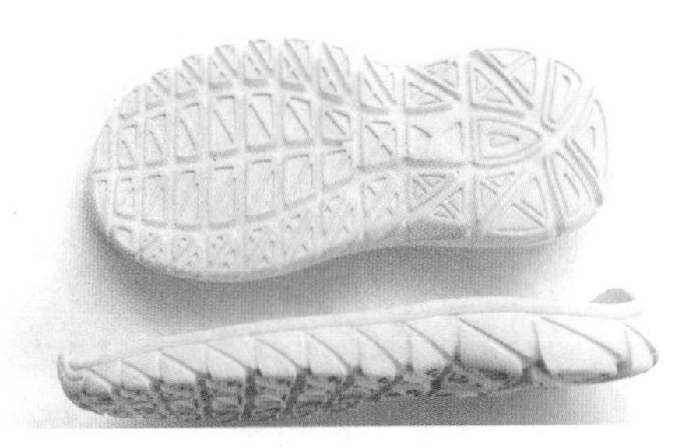

图2-15　PU底

EVA组合底：乙酸乙烯

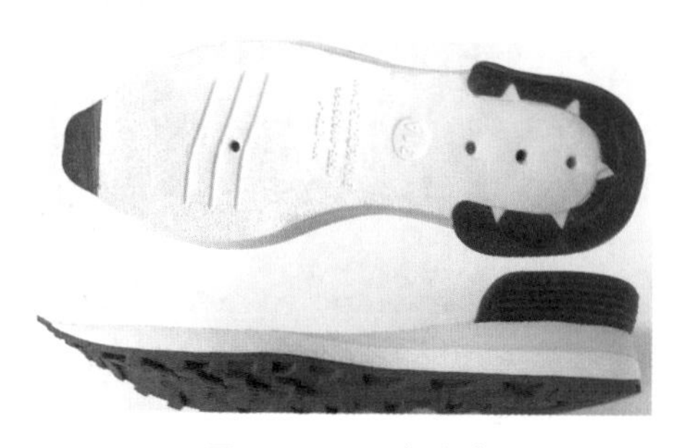
图2-16　EVA组合底

共聚物，高分子材料。常用于慢跑鞋、慢步鞋、休闲鞋、足训鞋中底。优点为轻便、弹性好、柔韧好、不易皱，有着极好的着色性，适于各种气候。缺点是易吸水、不易腐蚀不利环保、易脏。

整饰

加入内底（鞋垫）、清理鞋面和鞋底、系鞋带、打鞋油上光等。

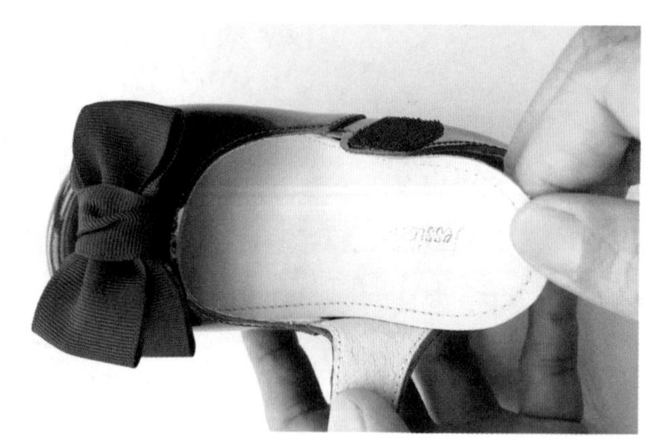
图2-17　加入内底

检验

检验鞋的外观、鞋底胶粘、耐磨、耐折等质量问题。

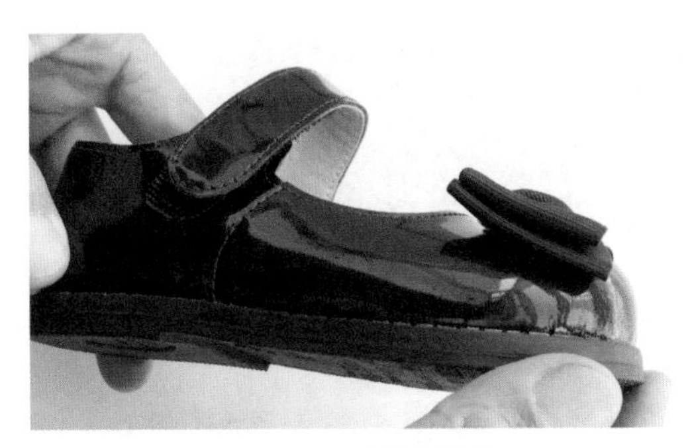

图2-18　成品鞋检验

包装和入库

装盒、入库后，一双完整的童鞋就加工完成了。

扫一扫，看视频

一双合格的童鞋成本有多少？

图2-19　装盒、入库

五花八门的童鞋

步前鞋

手工软底布鞋——爱的祈盼

图2-20　手工软底鞋

“手中鞋，慈母心”，我国民间传统中，母亲大多在孩子降生前就开始缝制绣有吉祥物的小布鞋。“虎头鞋”寓意驱邪避灾、虎虎生威、威震四方；“鱼头鞋”寓意足下有余、富贵吉祥、幸福美满；“凤头鞋”以百鸟之王凤凰借喻瑞鸟镇邪、望女成凤。这些形态各异的动物造型小布鞋，饱含着母亲对孩子深深的爱和祈盼，是我国民间象征吉祥喜庆的手工艺品。

温暖舒适的毛线编织鞋

舒适的毛线，精美的款式，一针一线钩织成小小的毛线编织，给宝宝一份温馨的呵护，代表妈妈真挚的爱。毛线编织鞋也可以作为袜子穿着。

图2-21　毛线编织鞋

宝宝软底鞋

宝宝软底鞋可以用皮、布、毛线等材质制作。不会走路的宝宝日常可以穿，也可以作为室内学步鞋穿。鞋子要柔软、舒适和轻便。鞋面要高，鞋脸要深。最好有魔术贴，以调节鞋子的肥瘦，保证鞋子能包住脚。鞋底要轻薄，不能带有任何的刚性支撑，以保证贴合宝宝的脚型。

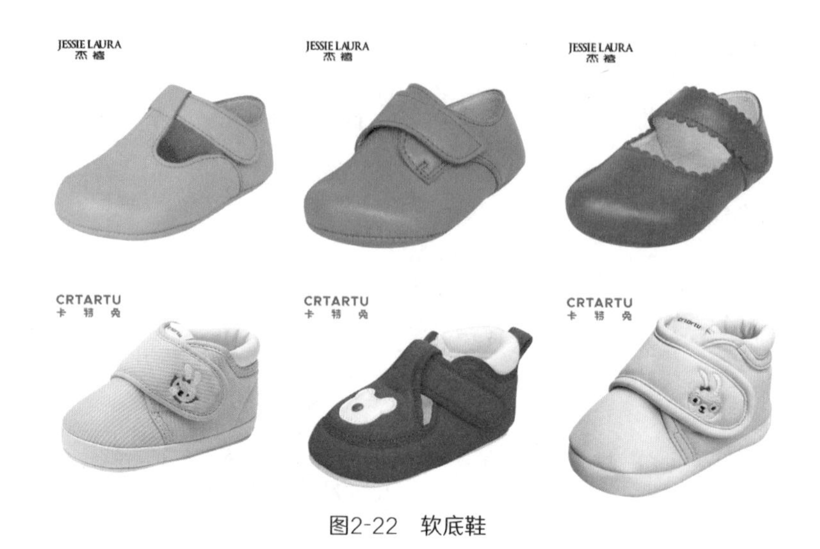

图2-22　软底鞋

百日鞋——宝宝人生中重要的礼物

婴儿出生第100天为“百日”。我国民间传统认为，婴儿能平安长至百日，就有了长大成人的希望，所以又称“百岁”“百禄”。“过百日”是婴儿成长过程中的一项重要礼仪。在这一天宝宝会得到亲友的祝福，而这些祝福，通常寄寓在各式各样富有象征意义的食品、衣物中，如百家衣、百岁鞋。

给宝宝送鞋，是中国自古至今广泛流传的一种习俗，民间对此崇尚备至。山西民谣有“姑送衣裳姨送鞋，姥姥的铺盖拿将来”之说；河北民谣有“姑送鞋，姨送袜，阎王见了都害怕”之说；山东民谣有“姑送双，姨送对，妗子（舅母）送了活百岁”之说。由于百岁鞋是宝宝人生中的第一双鞋，所以大人会选择一双好鞋来表达祝福。同理，西方有洗礼鞋一说。

图2-23　礼品百日鞋

学步鞋

学步鞋指能够站立并开始在室内学习走路的宝宝穿的鞋。学步鞋的制作要采用赤足理念，要求尽量不给宝宝的脚以任何束缚。孩子每天花费大量的精力学走路，所以要选择重量轻的鞋，其中皮鞋的款式最适合宝宝学步，优质的学步鞋有如下特点：鞋面是真皮材质，鞋垫、内里也是天然羊皮，与皮肤亲和透气；天然橡胶片底，硬度适中，有弹性，易于弯折；3毫米小跟，2毫米鞋底，让脚掌更接近地面；前掌、后跟是防滑纹路设计，使得防滑系数分配合理；魔术贴搭扣，穿脱方便，并可调节肥瘦不压脚面；鞋的弯折部位在前掌1/3处，与脚的弯曲位置相同；鞋前有包头保护脚趾，后帮有硬度，保护踝关节。

图2-24　学步鞋

从爬行、站立到迈出第一步的“关键鞋”

关键鞋是近年来新的科技成果，是针对宝宝从爬行到站立再到开始迈开腿学步这个关键时期所设计的鞋。关键鞋有如下特点：鞋底具有摩擦力，能为爬行提供推力；鞋底后部增加辅助，稳定后跟，帮宝宝保持平衡；鞋底加宽，增加鞋和地面的接触面积提升稳定性；鞋帮面较高，鞋脸较深，增强包脚性，不易掉鞋；鞋垫要让脚掌有抓地感，可增强本体感，锻炼足部肌肉，刺激脚底神经发育；材质环保、轻便、透气，保持鞋内干燥、舒适。

图2-25　关键鞋

稳步鞋

稳步鞋是宝宝学会走路后，在户外自由活动时穿的鞋。孩子刚学会走路时，走路磕磕绊绊，容易伤到脚趾，所以稳步鞋前头要加装前包头以保护脚趾。后帮也要加装主跟保护还在发育的踝关节。稳步鞋的鞋底不能太厚，不宜超过1厘米，要让孩子脚与地面能够“沟通”，保持平衡。

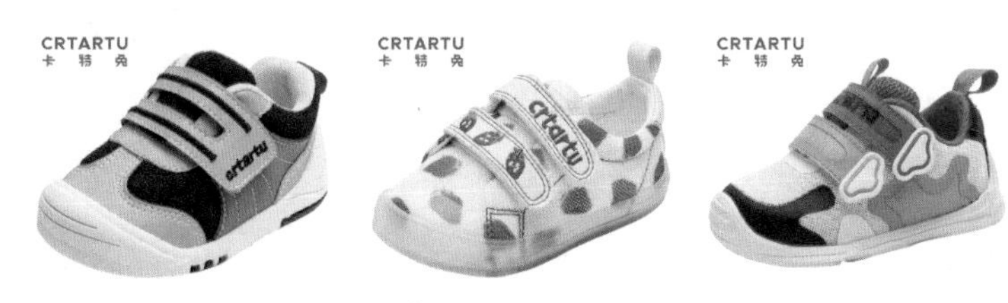

图2-26　稳步鞋

儿童机能鞋

医学机能鞋是在医学研究中诞生的，根据人体力学原理设计，针对脚部问题而制作的具有治疗及预防功能的鞋。儿童机能鞋指针对儿童的脚部形状和步行状态而开发的具有一定预防、矫正功能的童鞋。儿童机能鞋有如下特点。

①使用专门的儿童鞋楦，宽敞的鞋头能够为脚趾预留出足够的运动空间，强化保护脚趾不受踢撞损伤的设计。

②鞋底具有减震、防滑、支撑足弓的功能，减少外力对骨骼、关节、内脏、大脑等部位的冲击；一定高度的鞋跟增加跨步力量；鞋底在1/3处弯折，保证足部重心完成由脚跟至拇指方向的正确运动弧线，脚掌更容易弯曲，使步行更省力，以利于良好步态的形成。

③脚后跟加强支撑设计，增强稳定性，避免儿童行走时脚在鞋内晃动；鞋筒口加装柔软海绵，具有缓冲功能，既可保护脆弱的踝关节，又有助于跟骨的垂直生长。

④粘贴扣设计可自由调节鞋子大小，使鞋子更符合儿童脚型，可有效减少脚与鞋的摩擦。

⑤鞋的材料选取健康、无毒、环保，尤其是与脚直接接触的鞋内衬和鞋垫，柔软、透气、舒适。

图2-27　儿童机能鞋

儿童皮鞋

扫一扫，看视频

孩子从出生开始就要有皮鞋穿。

用猪、牛、羊或其他动物皮做鞋帮，皮革、橡胶、塑料或其他合成材料做鞋底制成的鞋，叫皮鞋。皮鞋的结构比较合理，一双合格的皮鞋就是能保护孩子脚部健康的鞋。前面装有硬包头，后部装有主跟，鞋底从后跟到足弓处有勾心。皮鞋的款式很多，儿童主要穿的是一些传统的式样，包括素头式、睡装式、圆口一带式等。

皮鞋可以作为日常鞋穿着，对孩子体态的端正、美育都很有益处。另外，军靴，尤其是野战军、特种兵、伞兵等特殊兵种穿的鞋的防护要求很高，刚一穿上会让人感觉不舒服。记得一位小战士对我说："在部队最痛苦、记忆最深的，就是穿上军靴急行军，感觉脚非常疼。"脚疼的其中一个原因，就是孩子从小常穿宽松的运动休闲鞋，皮鞋、皮靴穿得较少，导致形体、步态不端正。所以很多新兵穿上军靴后，脚会磨出血泡，走起来很痛苦，需要相当的过程去适应。

睡装式皮鞋

睡装式皮鞋是式样变化最多的一种花色皮鞋，在鞋前帮上有一个鞋盖，是从北美印第安人用鹿皮制作的"莫卡辛鞋"演变而来。这种鞋的特点是穿脱方便，轻便舒适。目前流行的豆豆鞋、乐福鞋也是其中的一种。童鞋选用这种款式，一般都是经过改良的，因为儿童的跟骨处于发育中，如果没有系带，宽窄不能调节，脚"兜"不住鞋，所以加装有鞋带或搭扣。如果想要购买"一脚蹬"的睡装式皮鞋，就要挑选合适的皮鞋，不然就会不跟脚。

图2-28　儿童乐福鞋

素头皮鞋

素头皮鞋是最基本的式样。造型是前帮完整，没有修饰，平整而光滑。鞋头的式样有圆头、扁头、尖头、方头、小圆头等多种，还可以有很多款式，其中系带素头皮鞋又叫“牛津鞋”。儿童素头皮鞋常使用搭扣（魔术扣）、扣环等。这种皮鞋造型大方、穿着舒适，因为可调节宽度，非常适合儿童穿用。这种鞋也可以作为学生鞋、礼仪鞋。

图2-29　儿童素头皮鞋

圆口一带皮鞋

玛丽珍童鞋

还记得秀兰·邓波儿在电影《小公主》里穿的小皮鞋吗？亮亮的漆皮、圆圆的娃娃头、平跟、脚背上有一条袢带，这就是典型的玛丽珍童鞋。

玛丽珍童鞋的名称来源于1902年巴斯特基·布朗（Buster Brown）连环漫画中的一个人物。那时，无论男孩还是女孩都会穿玛丽珍童鞋。当然，玛丽珍童鞋还包括另一个经典款式——圆头、平跟、带有“鼻梁”的丁字鞋。

扫一扫，看视频

孩子的皮鞋要怎么选？

在西方，当孩子穿上玛丽珍童鞋，预示着孩子已经能够独立行走，从婴幼儿期进入儿童期。玛丽珍童鞋也是女孩子在穿浅口高跟鞋之前的预备鞋。女孩穿上它要像妈妈那样举止优雅、款款而行。玛丽珍童鞋也可以说是穿高跟鞋前的练习鞋。

图2-30　玛丽珍童鞋

儿童运动鞋

跑鞋

跑步是大多数体育项目的基础运动，早期的运动鞋就是按照跑步鞋设计的。我国通称的旅游鞋基本属于跑鞋，是一种普及性很高的鞋类，也是日常生活中常见的运动鞋。跑鞋还包括慢跑鞋、练习鞋、健身鞋、慢走鞋等。

图2-31 专业短跑鞋

短跑是速度与力量配合的运动项目，爆发力强，速度快，因此运动员所穿的鞋要能产生反弹性从而使力量能够有效地支持下一个动作。为了提高抓地力、防滑及反弹力，鞋的前掌处装有鞋钉。跑鞋鞋面设计曲面流畅，采用拉链搭扣以提高紧锁效果，材质轻薄。短跑主要使用前脚掌，专业鞋的前部内弯，释放前脚掌着地时瞬间膨胀的肌肉，足弓及后跟部必须稳固，对内翻提高支撑。

中长跑鞋适用于在水泥、沥青以及石头铺的比较硬的路面上运动。要求鞋底有弹性、耐磨性好、耐弯折性好，鞋底面上有中等粗的花纹，增加跑步时的防滑力。同时还要求鞋有减震防护的作用；鞋的材质要轻；鞋的透气性要好，因为长时间的活动会导致脚部出汗，闷热的环境会影响鞋的舒适度。

图2-32　儿童跑鞋

儿童跑鞋是按照跑鞋设计的童鞋，适合日常活动、休闲娱乐时穿着，兼具时尚性、大众性，与健身鞋、练习鞋类似。

小型球场专用鞋

小型球场专用鞋主要是指在室内小型球场运动时穿着的鞋子，如网球鞋、篮球鞋、排球鞋、羽毛球鞋、乒乓球鞋等。小型球场的运动项目因为运动场地的条件、环境相似，有许多共同之处，比如，在地板上运动，不需要用鞋钉来提高抓地功能，在地板运动时还有很多的侧滑动作等。但由于这些球类运动各自有着不同的特点，在鞋的具体功能上存在着差异。

篮球鞋

篮球运动的主要动作总括为进攻和防守，进攻时传球、运球、突破、投篮等一系列动作是连贯的，防守时快速移动变换步伐，都要求篮球鞋有优良的防护功能。篮球运动造成的损伤中关节扭伤占90%以上，因此特别要求篮球鞋对脚踝关节扭伤、内翻、外翻、跟腱断裂、脚骨骨折有很好的保护作用。比如，加装气垫等特殊减震装置；后跟部位比较硬，以避免踝关节翻转造成的扭伤；后跟要求包脚；前跷比较低，增加稳定性；鞋底花纹中粗偏细，适合地板类的运动场地等。

扫一扫，看视频

儿童运动鞋应该怎么选？

图2-33　儿童篮球鞋

网球鞋

网球大约起源于12～13世纪，14世纪流入英国，一直有“贵族运动”的雅号。到16～17世纪，网球才成为比赛的运动项目。网球运动属隔网运动项目，运动员有很多奔跑、大力击球的动作。一

图2-34　儿童网球鞋

场高水平的比赛下来，运动员奔跑达数万米以上，击球时前后左右跑动，鞋的侧帮会受到很大的冲击，在剧烈运动的同时，还要做急停、跳跃等动作。

网球运动中的跑区别于速跑，是一种有力量感的稳健的跑。所以要求网球鞋比较厚重，舒适感强；网球运动对侧帮的冲击较大，所以鞋帮的侧面一般要有补强设计；网球场地较好，鞋底花纹不用粗大；鞋后跟的后端削去一块，是为了减少后退移动时的阻力。

乒乓球鞋

我们视乒乓球为“国球”，不过这项运动最早起源于英国。少年儿童中喜爱乒乓球的人数不少，在少年宫里，乒乓球的训练项目是必不可少的。乒乓球运动中侧向运动很多，人体侧向移动和向前启动时主要的发力区域在前脚掌偏胫侧，所以要求鞋加宽前掌，并在前脚掌外侧采用斜面设计，防止鞋的侧翻，达到对运动员的保护作用；内侧则相对加硬，增加这个部位的摩擦力，以利于增加运动员启

图2-35　儿童乒乓球鞋

动速度，便于灵活地移动。

打乒乓球时的身体移动大多用前脚掌用力蹬地，但在急停时却要靠脚跟迅速蹬地制动，所以后跟的减震功能对运动员十分重要。乒乓球鞋底大都采用橡胶底，柔软、高抗摩擦性。后跟包脚、前掌跖趾部位易弯曲、足弓的支撑稳定保护等，也是乒乓球鞋必备的功能。

大型球场专用鞋

大型球场专用鞋包括大多数户外球场运动的专用鞋，如足球鞋、棒球鞋、垒球鞋、橄榄球鞋、曲棍球鞋等。由于运动场地很大，运动员大多需要大范围奔跑，而且户外运动受气候影响很大，环境多变，所以这类鞋具有速跑和防滑的功能，鞋底安装鞋钉，以增强防滑和跑动的能力。

足球鞋

足球属于同场对抗运动，对抗性很强，运动员在赛场上需要奔跑、急停、转身、倒地、跳跃、冲撞等，运动负荷非常重。足球运动员的奔跑、传球、接球、射门，以及推球、拨球、挑球等动作，全都依靠脚来完成。所以，足球鞋与脚型非常接近，要求很合脚，以利于脚对球的控制。鞋的前跷较高，为了便于奔跑，鞋底薄且硬，装有固定鞋钉，利于急停、猛拐和起跳等大幅度动作。鞋帮一般比较轻巧，鞋内有一层薄软垫，既护脚又对球有滞后作用。为了增强鞋帮的强度，帮面多用车假线的工艺处理，提高强度。

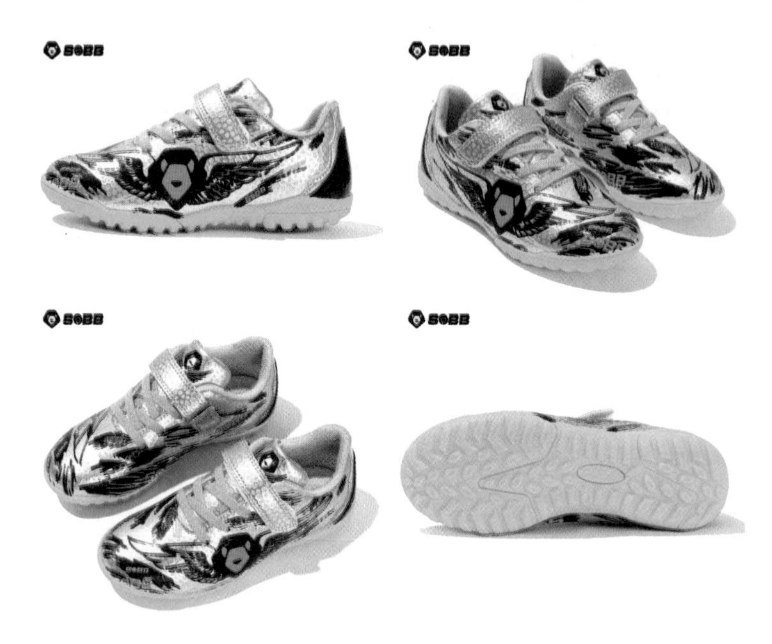

图2-36　儿童足球鞋

足球鞋是单纯限定在足球比赛时穿着的，不适合日常或时装性穿着。据报道，近年来，发育期运动疾病有所增加，其中有一种名为脊柱滑脱症的疾病就与足球运动有关。据日本整形外科专家冈村先生的研究显示：穿着具有6个可换鞋钉足球鞋的足球少年，腰部和脊椎旁肌肉都会产生过大的负担；穿着具有固定式鞋钉的足球鞋，钉子的数目多一些的情况好一些。所以儿童选择足球鞋时，应尽量选择具有固定式鞋钉且钉数多的足球鞋，也要尽量避免日常穿着。

儿童运动鞋与职业运动员用鞋差别

目前运动鞋的研究和开发取得了令人瞩目的进步，由明星运动员做的运动鞋广告比比皆是。然而，运动鞋是为参加体育竞赛的人和专业的运动员准备的，与一般为了保健而进行体育活动穿着的鞋子有本质的区别，与儿童穿的运动鞋更是不同。

专业运动员在竞赛时为了获胜，所穿的鞋是以提高运动成绩为原则的，即使对健康有一定损害也要全力拼搏。所以越是为运动选手准备的鞋，越不适合一般人穿着。而且专业运动员经过数年的训练，身体素质比业余选手强健很多。对于儿童来说，不只在日常的体育活动中穿的鞋要求以安全防护为主，就是在竞赛时穿的鞋，也必须以安全防护为主，具有优良的防震性、稳定性等。

野外运动鞋

野外运动鞋指在野外活动中穿的鞋，如狩猎靴、登山鞋、钓鱼鞋、自行车鞋、帆船鞋、划船鞋、高尔夫球鞋等。野外运动鞋的区别很大，因为各种活动的环境、内容和方式有很大差异，所有要求的功能各不相同。

登山鞋可细分为旅游登山鞋、竞技登山鞋和探险登山鞋等。旅游登山鞋就是我们普通的登山鞋，要求有一定的防滑性，所以鞋底的纹路较粗而且深；竞技登山鞋主要是便于在岩石上作业的鞋，鞋底用较硬、较厚的橡胶材料制成，同时为了加大攀岩时的摩擦力，防止脱落，鞋底要有突起的齿纹；探险登山鞋属于探险登山类，是攀登冰雪地形的特种靴，要求保暖、防水、质轻、透气，同时配有绑腿和鞋罩及在冰上行走时用的冰爪。

户外鞋

户外鞋是近年来出现的一个新名词，泛指从事不同类型户外运动，具有不同功能的鞋的总称。随着户外活动的开展，户外鞋经历了数代人的改进创新，工艺水平有了突飞猛进的发展，特别是高科技材料的应用，使户外鞋的减震、防滑、防水和耐磨等性能有了较大提高。户外鞋针对每一种运动，都有十分明确的设计目标，儿童户外鞋按照功能分类，大致可以分为以下三大系列。

登山鞋系列

该系列的设计目标为山、峡谷、荒漠等较为复杂的地形，适应中长距离负重徒步。这类鞋属于高帮鞋，具有较强的支撑力，可以有效地保护踝骨，减少伤害。大底选用耐磨橡胶，不仅可以有效地防止鞋底变形，而且可以增强抗冲击力。鞋面常选用中等厚度的头层牛皮、羊皮或超纤皮混合鞋面。这类鞋也具有防水性，可以在踝骨以下水面或雨中行走。

图2-37　儿童登山鞋

徒步系列

徒步系列是户外运动中比较常用的品种。设计目标为中短距离负重较轻的徒步，适用于较为平缓的山地、丛林，一般可以在郊游或野营活动中穿着。这类鞋的设计特点是鞋帮有保护脚踝的结构。大底采用耐磨橡胶，中底用微孔发泡及双层加密橡胶，有较好的抗冲击力和减震作用，鞋帮有全皮、革面或皮革混合材料。鞋帮多为中帮，中帮鞋的优势在于质轻、柔软、舒适、透气性好。在地形不复杂的环境里行走，中帮鞋优于高帮鞋。

健行系列

户外鞋的健行系列通常为低帮鞋，其设计目标为日常穿着和不负重的运动。鞋底通常使用耐磨橡胶，耐磨且富有弹性，可减轻地面对脚的冲击，又可缓解体重对脚的压力。这类鞋常用配皮鞋面或尼龙网面，因而质地更轻，一双鞋常不足400克，且有很好的柔韧性。这个系列是最常用、最畅销的一个品种。

图2-38　儿童健走鞋

冰雪运动鞋

冰雪运动鞋分滑冰鞋和滑雪靴两大类。

滑冰鞋

滑冰鞋包括速滑冰鞋、花样滑冰鞋、冰球鞋等。滑冰鞋的下面装有冰刀，速滑冰鞋以低帮为主，为了保证速滑时的脚腕灵活。花样滑冰鞋和冰球鞋多设计成高帮，以保护运动员的踝关节。

花样冰刀又可分为自由花样冰刀、规定图形花样冰刀、冰上舞蹈花样冰刀几种。由于花样滑冰运动多以跳跃、旋转步伐为主，其冰刀有前刀齿，保证冰刀前倾10度时允许最下一齿接触冰面，刀刃较厚。中普级冰刀不低于3.5毫米；高级冰刀不低于3.8毫米。

图2-39　花样滑冰鞋

冰球冰刀分为守门员冰刀和球员冰刀，由于在运动时，球员经常需要急停、转弯，刀体需有较高的强度，刀刃厚度为2.8毫米，呈圆弧状，中间有不小于80毫米的平直部分。

图2-40　速滑冰鞋

速滑冰刀可分为大跑道速滑冰刀和短跑道速滑冰刀。大跑道速滑冰刀刀体长，刀刃和冰雪接触面积大，转向少，适于长距离滑行。短跑道速滑冰刀刀体短，适于短距离（500～1000米）滑行，刀体厚度为1.4毫米左右。

滑雪靴

滑雪靴包括跳台滑雪靴、高山滑雪靴、越野滑雪靴等，滑雪靴的下面装有滑雪板，不同的滑雪项目对滑降、回转、跳跃、平滑、上坡滑行等技术要求不同，因此对滑雪靴、滑雪板的要求也不尽相同。

儿童布鞋

布鞋是用织物做鞋面，用布、橡胶、塑料、皮革等做鞋底制成的鞋，是我国的特色品种。由于工艺上的原因，布鞋没有加装硬的主跟和包头，也没有勾心结构，所以柔软、轻便。

女童汉服鞋

女童汉服鞋是我国传统的小圆口一带布鞋，古代又称木兰鞋。在浅口鞋上加袢带，很适合多种劳动环境下穿着。女童汉服鞋有各种式样，如单搭袢、双搭袢和丁字袢式（北方称娃娃鞋）等。与成人的浅口鞋很接近，只是鞋头比较宽大、平跟，很能体现女孩子的天真无邪、纯朴可爱，在我国儿童穿着的传统布鞋中占据着重要位置。女童汉服鞋的主流色调为温柔的淡色系，非常符合文静小女生气质。汉服鞋与汉服搭配，既能展现民族风格，又能衬托女孩子的甜美与雅致。

图2-41　女童汉服鞋

布球鞋

布球鞋指以织物做鞋面，用天然橡胶或合成橡胶做底料制成的鞋。一般常见的有网球鞋、普通球鞋，以及很多花色的胶鞋。布球鞋的制作也是不加装主跟、包头和勾心的，轻便、柔软、价格便宜，活泼好动的孩子很爱穿着。经典板鞋也属于布球鞋类。

图2-42　布球鞋

儿童凉鞋

凉鞋是用带条、网眼或透空设计做鞋面的，主要在夏天穿着。儿童凉鞋有全包式、前空式、后空式和前后空式。

宝宝全包凉鞋

全包凉鞋指前帮有包头（包括内包头），后帮有外包跟（包括主跟），在鞋面上敲凿各种形状的花孔或用条带组成。凉鞋主体材料与皮鞋类似。全包凉鞋适合2岁以内的宝宝穿着，因宝宝学步期、稳步期会脚尖先着地，所以保护宝宝的脚趾很重要，后包是稳固踝关节。

图2-43　全包凉鞋

儿童慎穿夹趾凉鞋

最近几年的夏季，夹趾凉鞋大行其道，从成人到儿童，应有尽有。夹趾凉鞋是一种很古老的鞋种。例如，日本的木屐，可以锻炼脚前掌肌肉，预防拇外翻。我推荐一些足底肌肉松弛的孩子在家穿夹趾拖鞋，因为在穿着过程中，脚的拇指、二趾和脚掌用力，对锻炼脚掌的肌肉很有帮助，家里的地面平坦、没有障碍，一般不会受伤。但如果选择、穿着不合适，就会使拇指与二趾之间受到损伤。尤其是很多夹趾凉鞋后袢带是很细的一条带子，缺乏对脚踝和足弓部位的支撑，从而导致脚部的扭伤或劳损，所以不推荐儿童外出时穿夹趾凉鞋。

儿童前后空凉鞋

前后空凉鞋的结构特点是前、后帮的前后两端都有较大的空隙，腰帮为一整块部件，或者为前袢带与后袢带组成。前后空凉鞋透气、凉爽，适合2岁以上的儿童走路比较稳当后在夏季穿着。

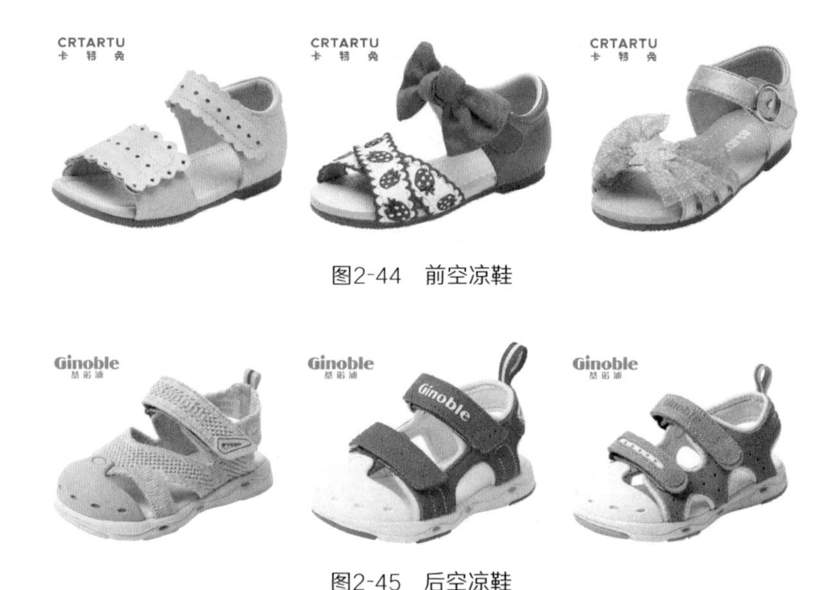

图2-44　前空凉鞋

图2-45　后空凉鞋

图2-46　前后空凉鞋

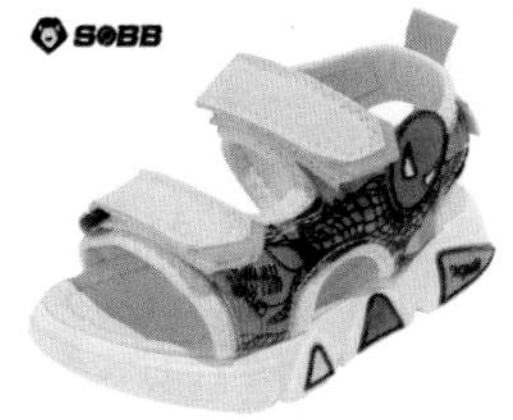

图2-47　运动凉鞋

塑料凉鞋

塑料凉鞋的鞋帮、鞋底都以塑料为原料，它的款式多种多样、色泽艳丽多彩、价格低廉、耐穿，还不怕下雨。但这类鞋脚感差，不透气容易滋生细菌。塑料凉鞋只能让孩子在夏天穿，可以作为雨鞋穿，也可以在玩儿水时穿，并不适合日常穿着。另外，因为穿塑料凉鞋时大多赤脚，最好不要购买劣质的塑料凉鞋，这种鞋里很可能含有有毒、有害物质，会损害到孩子脚部肌肤。

图2-48　塑料凉鞋

儿童靴

鞋帮高度超过踝骨的鞋，就可以称之为“靴”。以保暖材料如毡子、毛皮、太空棉等做衬里的靴子，是适合冬天穿的棉靴、雪地靴。由单层皮做衬里的皮靴也很常见。

图2-49　棉靴

棉靴

棉靴是指鞋的衬里为棉毡、毛皮、毛绒等保暖材料制作的靴子，分大棉鞋与二棉鞋。大棉鞋适合北方比较寒冷的地区，使用厚实的棉毡、天然毛皮制成，比较暖和。二棉鞋保暖性则相对较差，使用的薄棉和毛绒大多为腈纶混纺材质，时尚型更强一些，适合南方和暖冬穿着。

雪地靴

雪地靴一直以来是冬天流行的单品，尤其在北方寒冷的冬季，女生们几乎人脚一双。雪地靴看起来很保暖，但是设计却不尽合理。它的鞋底是平的，长期穿雪地靴，会让脚掌

图2-50　雪地靴

中部失去支撑，加重足弓的负担，对孩子脚底的筋膜和软组织造成损伤，还有可能导致足弓塌陷变成扁平足，不能走远路。另外，这种靴子过于肥大、笨重，稳定性偏差，也不利于孩子玩耍和奔跑。

马丁靴

真正的马丁靴是一种高帮的工装鞋，原本是医生为了病人恢复脚部受伤部位所发明的鞋子，因防护性、稳定性好又称为工装靴。

图2-51　儿童马丁靴

马丁靴对于鞋子的防护功能要求很高，前包头和后帮的硬度都有要求。马丁靴分为短筒靴、中筒靴、长筒靴三种，一般中筒的马丁靴比较常见。另外，马丁靴也可以当作矫正鞋。

扫一扫，看视频

内外八字可以通过高帮鞋改善吗？

“网红”童鞋到底好不好

毛毛虫

图2-52　毛毛虫前跷高度

毛毛虫鞋因“一脚蹬”很方便穿脱，备受家长和孩子青睐，已经流行了很长一段时间。但毛毛虫鞋存在两个问题：一个是这种鞋的鞋面不能调节，脚肥的孩子穿起来容易挤压脚面，对于脚瘦的孩子来说，脚会在鞋里面晃动，合脚性很难保证；另一个就是有些毛毛虫的前跷太大，有的前跷甚至超过40毫米，穿着的时候，孩子会很自然地把脚趾头跷起来，长此以往会影响孩子足弓的前支点。因此家长在选购毛毛虫的时候，一定要先试一下大小、肥瘦是否合适，再看一下前跷，跷起的高度不要超过25毫米，约为妈妈的食指、中指前部并排的高度。

板鞋（小白鞋）

虽然家长和孩子都很喜欢板鞋，但是板鞋并不适合孩子经常穿着。板鞋的鞋底一马平川，没有鞋跟。人脚在平衡的时候脚的力线与地面并不完全呈90度，平底鞋反而不符合人体工学。穿平底鞋时脚踝肌腱会被拉紧，走久了易酸痛。无论是成人还是儿童都不推荐穿板鞋，尤其不能把板鞋作为日常鞋来穿。板鞋只是做运动时穿的鞋。在日常生活中，鞋还是有一个小小的跟为好，婴童段的鞋跟不应该超过5毫米，小童段的鞋跟不应该超过10毫米，大童段的鞋跟不应该超过25毫米。

图2-53　板鞋

儿童时尚浅口鞋

很多大品牌推出了类似成人的无袢带浅口童鞋。这类鞋很时尚，且可以跟妈妈的鞋成为亲子款，大为流行，但不推荐孩子穿这种鞋。儿童的脚处于发育期，无袢带不跟脚的鞋会导致跟骨、跟腱发育异常。儿童本身还没有达到成人步态，对鞋的掌控能力差，鞋稍大或稍小会使脚趾在步行时向前“冲”或顶脚，损伤脚趾。这种鞋也很容易养成孩子拖脚、邋遢的不良步态，影响正常的体态。很多家长说：“小童星穿着怎么没事？”我说：“小童星只是在做广告时穿，是有很多鞋可以随时换着穿的，咱们不必模仿，不必用时尚换健康。”浅口童鞋一定要选择有袢带的，这样才有较好的稳定功能，如玛丽珍童鞋、女童汉服鞋等。

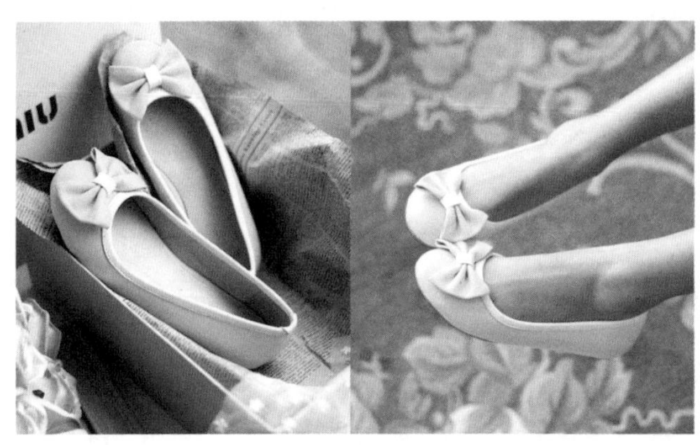

扫一扫，看视频

女孩子不能穿船鞋、浅口鞋吗?

图2-54　儿童时尚浅口鞋

洞洞鞋

近几年来，洞洞鞋十分流行，不仅成年人穿，很多儿童也穿上了。洞洞鞋宽大、透气、轻便、防水，但并不适合长期穿着，尤其不适合发育中的儿童。首先，洞洞鞋本身是沙滩休闲鞋，休闲散步或在沙滩散步时穿着很舒服，但作为日常凉鞋穿着并不适合。儿童期是足底末梢神经发育的关键阶段，洞洞鞋鞋底很厚，导致地面不能给脚底足够的刺激促进其正常发育。其次，洞洞鞋太宽松、不跟脚，儿童必须将脚背绷紧才能将鞋带起来，由此会导致步态发育不正常。再次，很多洞洞鞋的材质不过关，可能含有有害化学成分，会通过皮肤接触进入儿童体内，伤害极大。

再说说穿洞洞鞋乘电扶梯夹脚的问题，电梯台阶之间的锯齿是为了防止垃圾进入，洞洞鞋鞋头宽大，不稳定，孩子不容易判断鞋踩到台阶的距离，所以经常被电梯卷进去。洞洞鞋是一种塑料鞋，比较轻、软，穿起来脚感舒适，但也因为软，而且摩擦系数大，穿起来感觉很涩，卷进电梯后很难往回拽；洞洞鞋的鞋底厚，宝宝大脑和足底神经都未发育成熟，应急能力差，反应慢，发生危险的概率高。所以，不推荐把洞洞鞋当作日常凉鞋穿着。

图2-55　洞洞鞋

叫叫鞋、发光鞋

图2-56 发光鞋

这两种鞋均不适合学步期的宝宝穿。学步和刚刚会走路的宝宝穿上会发声、发光的鞋子后，会分散他们的注意力，使他们只顾低头看鞋，养成含胸走路的习惯。长此以往，不利于宝宝胸廓和脊柱的发育，影响正确走路姿势的养成。更严重的问题是叫叫鞋的发声设备、发光鞋的发光设备大多都装在鞋的后跟，宝宝为了听到声音或者看到闪光，走路时会先用脚后跟使劲儿“跺地”，这样会使宝宝的重心偏移，对脚后跟冲击力度比较大，进而冲击宝宝的关节和大脑。另外，当一只鞋不响或不亮的时候，容易让孩子一脚轻一脚重，时间久了还容易造成孩子跛行。

公主鞋

公主鞋基本上是模仿大人的流行款式。这类鞋子为了追求美感，通常鞋型偏瘦，鞋跟超过2厘米以上，鞋面上有一些亮片或者珠子作为装饰，这些小东西很容易脱落，卡在鞋子里很容易刮伤宝宝，而且有被好奇的小宝宝误食的风险。

图2-57　公主鞋

儿童穿高跟鞋有百害而无一利

发育中的儿童，其踝关节肌力薄弱、关节不稳，穿着高跟鞋很容易崴脚或跌倒。一旦形成习惯性踝关节损伤，孩子很可能一辈子都穿不了高跟鞋。

扫一扫，看视频
宝宝多大可以尝试穿高跟鞋？

高跟鞋使人体重心前移，全身的重量会过多地集中在前脚掌，导致足部疼痛，以致足弓塌陷，形成扁平足。

高跟鞋多为窄头，穿着时，五根脚趾挤在狭小的鞋头内，容易引起拇外翻，使脚型变得难看。

高跟鞋会增加骨盆压力，骨盆两侧被迫内缩，造成骨盆入口狭窄。

穿着高跟鞋时，大脑内多巴胺的分泌数量会减少，长时间穿着会让人出现思考困难、幻听等类似精神分裂的症状。所以家长们一定要注意，不要用时尚换健康，等孩子成年后再让他们穿。

3

第三章

如何为孩子选鞋

鞋的第一功能是助力行走，与帽子、项链、耳环和领带等服饰混为一谈是不对的，特别是儿童，对鞋子功能的要求应远远超过时装。如果一双鞋除了好看，却起不到保护脚的功能，很难说是一双好鞋。如果说鞋的基本功能是保护脚，那么对童鞋的基本要求就是适合脚型、安全防护、环保舒适。

适合脚型——如果鞋的大小、肥瘦等不适合，出现挤脚、撞脚趾等问题，就会损伤脚，本身就达不到保护脚的作用。

安全防护——脚趾、脚跟、脚踝和足弓都是需要重点防护的部位，如果缺乏防护功能，也难以达到对脚的保护。

环保舒适——孩子的皮肤稚嫩，鞋的舒适度很重要，且要避免鞋材和鞋生产过程中残留的有害物质。如果鞋不环保，会通过皮肤吸收，宝宝个子矮，离鞋的距离很近，也会通过呼吸吸收有害物质，很不安全，更谈不上保护双脚。

适合脚型、安全防护、环保舒适也是我们对童鞋的基本定义。当然，精神愉悦也是鞋功能的一部分。在健康的前提下，最好选择美观、时尚的鞋。

一份对穿鞋不当引起不适的调查问卷结果

脚是人体的基石，脚的不平衡会引起身体的不平衡，不平衡引发的肌肉、骨骼、关节的受力变化，又会使身体出现诸多的病痛。而脚的不平衡大多是由鞋引起的。下面是日本国立健康营养研究所的专家做的一份对穿鞋不当引起不适的调查问卷的结果。

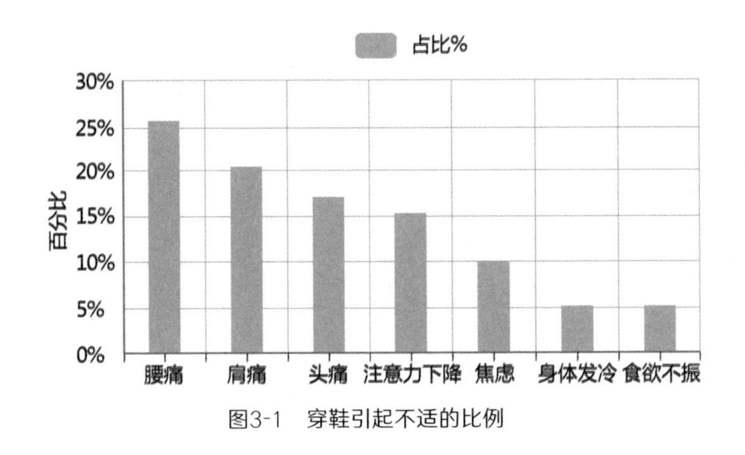

图3-1　穿鞋引起不适的比例

从图中我们可以看到，感觉腰痛的人最多，其他的不适依次为肩痛、头痛、注意力下降和焦虑等。虽然这项调查是针对成人的，但儿童同样需要注意。例如，穿鞋不当造成腰部不适的原因有以下几种。

穿比自己实际应穿的鞋号大的鞋，会给腰造成负担。

鞋不“跟脚”，走路时鞋踢里踏拉地往下掉，也会增加腰的负担。

鞋底左右侧的厚度不同，特别是穿着时间较长的旧鞋，鞋底左右的磨损程度不一样，走路时身体不平衡，则同样会给腰增大负担。

鞋底磨到一定程度会打滑，穿的袜子打滑或鞋垫打滑，都可以给腰部造成伤害。

不同年龄段儿童如何护脚选鞋

婴儿期（约0～8个月）

脚的发育特征

0～8个月的婴儿，虽然从脚的外形来看发育得很完整，但脚部骨骼大多还是呈现软骨状态的。由于胎儿在母体中是蜷缩状态的，所以有生理性O形腿，足弓还没有形成。

这时如果脚有异常，多数是先天性的，应到儿童医院或儿科就诊。但因为宝宝还不能站立和走路，很难发现脚部问题，需要妈妈细心观察。

脚的呵护

不会走路的婴儿也要注意脚的保护

婴儿出生后的第一年是脚发育最重要的时期，只要精心呵护，脚就不会朝着畸形的方向生长。包裹婴儿时不要包得太紧，如果过紧会使脚的活动受限，阻碍脚的正常发育。

时常给婴儿变换体位，无论是侧躺还是平躺，都不要以一种姿势躺得太久，避免过度牵拉脚和腿部的肌肉。

婴儿醒着时，可放开包裹，让婴儿的脚随便做踢、蹬动作，这是对脚很好的锻炼。

刺激宝宝的脚底

宝宝2个月大时，就可以开始对他的脚底进行感觉训练。选择孩子高兴的时候，让他平躺，露出双脚，妈妈用手指轻拍孩子的脚底，观察孩子的面部表情及身体姿势变化。注意手要温暖，手法要轻柔，以免伤及娇嫩的肌肤。反复几次，如孩子哭泣可停止训练。

刺激婴儿脚底，可分化其大脑对触觉刺激的层次，丰富感觉，对孩子今后发展积极的人际关系和探索能力打下基础。

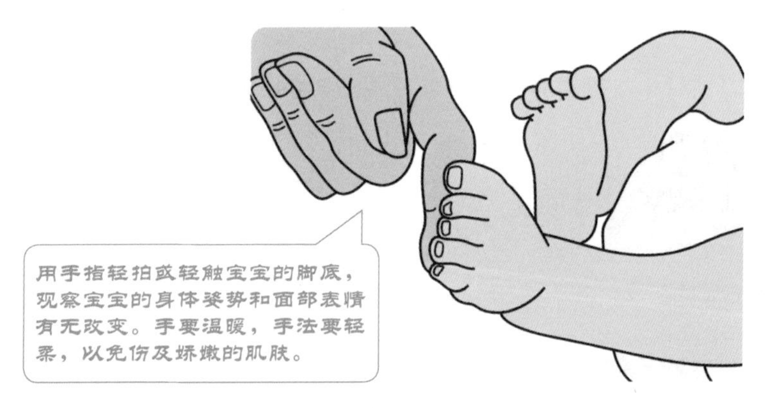

图3-2　刺激宝宝的脚底

抱着宝宝练习蹬跳

宝宝长到4个月左右，可以抱着宝宝做蹬腿动作，以训练其腿的支撑力。家长坐着举起宝宝，落下时让宝宝的小脚蹬在大人腿上，趁着蹬力再将宝宝举起来，再落下，再举起，重复5～6遍，训练宝宝蹬跳。注意举起落下的动作应轻些，而且不能太快，每天练习 1 次就行。蹬跳练习可以很好地促进宝宝下肢骨骼和肌肉的发育。

图3-3　抱着宝宝练习蹬跳

脚趾触觉训练

4个月的宝宝可以接受脚趾的触觉练习。

使用光滑的丝绸围巾、粗糙的麻布、柔软的羽毛、棉花、粗细不同的毛巾或海绵、积木、塑料杯、不锈钢碗等各种形状、质地的物体，轻轻地触碰宝宝的五个脚趾，让宝宝了解不同的触觉，帮助宝宝触觉识别能力的发展。注意使用的所有物品都需要经过消毒，而且不要使用有尖锐或棱角分明的物品，以免伤到脚部皮肤。

练习爬行是非常有益的运动

爬行动作可训练宝宝的颈背部及四肢肌肉的力量和动作的协调性。婴儿也能够通过移动身体、接触周围的事物，提高认知范围。

先让宝宝趴着，两腿伸直，在前方放个玩具，引诱他过去拿玩具。家长把宝宝的右膝盖弯曲起来，用右手掌托住宝宝的右脚掌，让其做蹬腿动作，这样手掌可顶着他向前挪一节。再把宝宝的左膝盖弯曲，用左手掌托住宝宝的左脚掌，让其做蹬腿动作。如此左右交替地弯曲其膝关节，帮助其向前爬行，重复3遍，每日练习1～2次。

图3-4　爬行健身

成人爬行健身可以改善脊柱的受力情况，促进血液循环系统的流动，让身体各个器官血液充足，利于下肢的血液返回心脏，同时对肠道有很好的按摩作用。实验数据表明，每天练习爬行，一段时间后，健康状况会明显好转。可以在家里的地毯或是地板上爬行，也可以在草坪上爬行。但要注意，爬行前要活动一下手腕和脚腕，尽量在稍微软的地方爬行，以免磨损膝盖；也不要在很凉的地方爬行，每次不要超过10分钟。

选鞋要点

0～8个月的婴儿还没有开始学习走路，以赤脚为主，如果穿鞋，只需考虑保暖、透气、不束缚脚等要求。这一时期的宝宝也可以不穿鞋，穿温暖宽松的袜子来保持脚的温暖。

鞋需要整体柔软，没有任何坚硬的支撑，帮面要有一定弹性，适合婴儿脚的形状。可选择鞋帮和鞋底都是柔软材料制作的宝宝鞋，如布、毛绒、毛线、软羊皮等做的都可以。

怎样选择宝宝的鞋袜

不管哪种材料制作的鞋或袜子，都不能有线头露在外面，给宝宝穿鞋时家长一定要认真检查，切不可大意。孩子的脚趾被线头缠绕导致坏死的事故时有发生。宝宝鞋袜上不要有装饰物件，以免宝宝误入口中，出现危险。

贴脚穿的袜子、毛线鞋、布鞋尽量选择本色或淡色的，过于鲜艳的、带有荧光色的面料中可能含有甲酸、甲醛等有害物质。

所有直接接触皮肤的袜子、鞋在穿之前要先用清水浸泡至少半小时后再清洗并晾晒干，以减少或清除上面残留的化学物质。

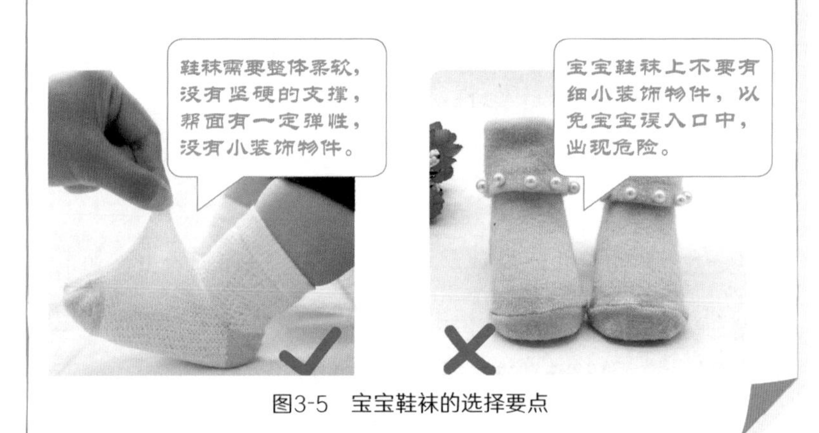

图3-5　宝宝鞋袜的选择要点

学步期（约9～15个月）

脚的发育特征

这个时期婴儿的小脚圆圆胖胖，五趾饱满，后跟窄小。宝宝已经从爬行、站立发展至蹒跚学步了，但步伐还不够稳定。骨骼、肌肉、关节等都处于发育阶段，足底稚嫩的肌肉还不足以支撑足弓，所以足弓起不到吸收震荡的作用，但脚底厚厚的脂肪垫能够缓解一些来自地面的冲击力。

开始学走路时，孩子的协调性和稳定性都很差，腿抬得很高，落地很沉重，迈出的步子是小碎步，磕磕绊绊的。

这时候的宝宝本来就步行不稳，前腿部的重力线外旋，出现所谓的O形腿。家长很容易忽视一些隐蔽的疾病，日常应多多注意。

大脑是行走的控制系统

人的运动是由大脑及反射中枢等神经系统和肌肉、骨骼系统的协调来实现的。大脑希望做某种运动，会给神经系统传达出信号，引起肌肉的收缩，就可以开始运动了。

为什么刚出生的婴儿不能走路？因为大脑还没有发育到能够控制行为。大脑是随着婴儿的爬行、站立、行走而逐步发育的，尤其是在站立行走阶段，大脑发育突飞猛进。大脑的控制系统发展，不但使孩子学会走路、运动，同时还促进了听觉器官、视觉器官、语言器官等各种器官的发展。幼儿的说话时期和行走时期是很接近的，因为站立和行走使幼儿的视野变得更为宽阔，可以主动去接触各种事物，大大地扩大了他们的认知范围，促进了对外界事物认识的飞跃。

心理学家认为，儿童行走使他们从一个不能自主行动的人变成一个主动的人，是儿童大脑发育正常的主要标志之一。尽管儿童期行走的步伐不稳定，但随着大脑控制系统的发育，经过不断的实践，一定会拥有像成人那样稳健、流畅的步伐。

脚的呵护

练习用脚来支撑身体

准备一个小凳子，凳子的高度以孩子坐上去时脚掌与小腿、小腿与大腿、大腿与躯干的角度呈直角为宜。

当宝宝在凳子上坐直后，妈妈可试着只用一只手扶住孩子的腿，另一只手拿起拨浪鼓或会发出声音的玩具来吸引他的注意力，进行转头、转身寻找。这样左右交替来诱使宝宝的头和身体左右侧转，使其在侧转中练习用脚来支撑身体以及平衡能力。每次练习时间约2分钟，每天练习一次或两天练习一次。

图3-6　练习用脚支撑身体

怎样帮助家里的宝宝学步

宝宝常试探着向前迈出小腿，很可能是开始学步的信号。这时，家长可以帮助孩子学习走路。

孩子刚开始学步的时候，大人不能只领着他的一只小手走，而要在孩子的背后，双手放在孩子的两侧腋下和他一起慢慢地走，不要按住孩子的两只胳膊，这样会影响他摆动两臂练习平衡的能力。但如果孩子不想走了，千万不要强迫他走，以免使他惧怕行走，孩子对自己主动走和被强迫走的感觉是完全不同的。

图3-7　扶住宝宝学步

当宝宝走得比较平稳时，才可以在大人的引领下行走，适当地让宝宝练习推着或扶着小车走，他会因有“自立”的感觉而兴奋不已。

当宝宝可以独自行走时，要特别注意安全保护。由于学步时重心不平稳，应尽量让孩子在平坦的空地上练习行走，条件不允许的话，要把有尖锐边角的桌椅、柜子移走，还要尽量把周围的杂物，像玩具、水桶、扫帚、小凳子、瓶瓶罐罐等易碎的物品清除，以防宝宝绊倒受伤。

不要过早地让孩子走路，特别是不可强迫孩子走路，当孩子的体力和智力都发育到一定程度时，神经、骨骼、肌肉等系统成熟之后，宝宝自然会走。勉强孩子做超出身体成熟度的运动，不但会引起孩子的不满，还可能影响正常的发育。

学步车既不安全也不利于婴幼儿学步

2011年卫计委发布的《儿童跌倒干预技术指南》指出，婴幼儿使用学步车是跌倒的重要危险因素，曾是发达国家造成婴幼儿跌倒死亡的重要原因。加拿大第一个实施禁止销售和使用学步车的法令，后续美国等很多国家也加入了这个行列，中国虽然没有明令禁止，但我认为还是不用或少用学步车为宜。

图3-8　学步车不利于婴幼儿学步

为什么学步车既不安全也不利于宝宝学步？首先，学步车上安装的轮子很灵活，宝宝掌控不了，如果碰到椅子、茶几等障碍物时，很可能“人仰车翻”。一旦车翻倒了，宝宝的头着地（宝宝头部比例大，很容易头着地摔倒），严重的会引起脑震荡，甚至有致命危险。车滑到一些危险地方，接触到危险物品，如电器开关、插座插销、暖水瓶、炉灶、锅碗等，发生触电或烧伤的事也是屡屡发生。其次，身体的平衡力和腿部肌肉力量是宝宝学会走路的关键，学步车里的宝宝一走动，车子就跟着移动，这样在学步车中的孩子不利于平衡能力的锻炼。而宝宝在学步时是用脚尖随着学步车滑动向前移动的，这种“行走”并没有使腿部肌肉得到应有的锻炼，也不是正常的步行方式，所以还是不用或少用学步车为宜。

婴幼儿睡姿和坐姿有讲究

由于2岁以前的宝宝容易出现生理性内八字，建议家长注意观察。对于坐姿不良，特别是习惯W形坐姿的孩子，家长要帮他改变坐姿。一开始小朋友可能因为别扭而不喜欢，父母要有充足的耐心。不要让正常的孩子总坐在地上玩耍，坐在双脚能自然下垂的小椅子上最好。

图3-9　W形坐姿

尽量让孩子侧睡，避免趴睡或仰睡。仰睡时孩子的双脚会过度内翻造成内八字，或外翻造成外八字；趴睡时若是双脚内翻或外翻，也会造成内八字或外八字。想要改变孩子的睡姿，家长要多用些心思，对于不习惯侧睡的孩子，家长可等孩子睡着后帮他调整为侧睡。

选鞋要点

爬行和初学走路的孩子协调性和稳定性都很差，腿抬得很高，落地很沉重，而且是脚尖先着地，迈出的步子也很小，磕磕绊绊的。这时要认真地为孩子准备第一双真正的鞋——学步鞋。

扫一扫，看视频

学步期、稳步期宝宝的鞋要怎么选？

学步鞋要选择帮面较高、鞋脸比较深的鞋，这样的鞋更包脚，不容易掉下来。浅脸鞋或低帮鞋看似比较容易穿上，但宝宝小脚的后跟窄小，不易挂住鞋，不够安全。

鞋子要轻软，鞋底加鞋垫不宜厚于5毫米，鞋帮也要柔软。

鞋垫不能太软，要让脚掌有抓地的感觉，这样可以锻炼脚部肌肉，刺激脚底神经发育，棉布的、绒面皮革的都行，能保持脚掌舒适即可。

孩子学步时每天要花费大量的精力，所以要选择重量轻的鞋；还要保持鞋内干燥、舒适，避免穿不透气的合成材料制成的鞋。

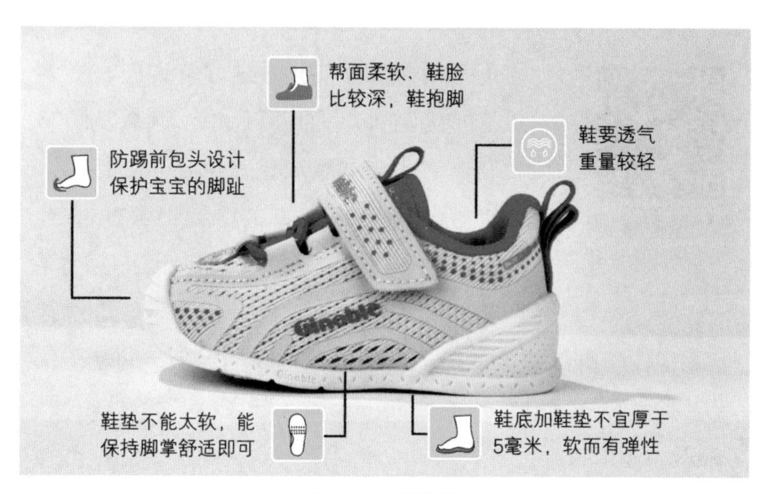

图3-10　学步鞋

为什么我的孩子穿不住鞋

有妈妈会问：“我的孩子为什么穿不住鞋？”也许是因为宝宝跟骨窄小，兜不住鞋子。随着孩子能够站立、学会走路和体重逐渐增加，孩子的跟骨也会发育成圆弧形状，承重逐渐增大，这时就比较能够兜住鞋了。初学走步的宝宝需要很合脚的鞋，过于肥大的不合脚的鞋不利于学步和脚的发育。

脚是人的第二双眼睛

一直以来家长给孩子选鞋存在一个很大的误区，即选择鞋底厚、鞋垫前掌厚且柔软的鞋。这样看起来很舒适，却

扫一扫，看视频
鞋垫挑选误区有哪些？

阻碍了儿童脚掌与地面的“沟通”，影响足底神经与大脑的相互反馈、刺激及正常发育。这也是导致现代儿童容易崴脚、摔跤，对路面状况不敏感的重要原因之一。

脚是人的第二双眼睛，现代儿童常穿鞋垫和鞋底又厚又软的鞋子，阻碍足底神经发育，使脚的探索功能逐渐消失。所以，宝宝穿的鞋子，尤其是学步鞋的鞋垫不能太厚、太软，鞋底也不能过厚，以不超过1厘米为宜。

稳步期（约16～36个月）

脚的发育特征

16～36个月婴童期宝宝的部分足骨还呈现软骨状态，足跟骨开始骨化，脚长得很快。家长要经常检查鞋的情况以及孩子的脚看是否有被鞋挤压过的痕迹，及时测量孩子脚的大小，一个码数的鞋一般穿着2～4个月左右，脚肥的孩子更换周期需更短些。

16～36个月婴童期宝宝已经能够比较顺畅地走路了，步幅也大一些，但力量很弱，仍不够稳定；运动神经发育迅速，能够做上楼梯、踢球、两脚并拢跳跃、单脚站立等动作。但由于身体重力线偏离，出现生理性X形腿，足跟向内侧倾斜。假性扁平足和足外翻比较常见，与骨性足弓发育不全有关，多数是一种生理表现。

婴幼儿时期腿的“钟摆效应”

婴幼儿时期是宝宝发育的重要时期，脚的发育非常迅速，从仰头、爬行到站立、学步，厚厚的脂肪包裹住的小脚在慢慢变化，腿在站立时的姿态也在悄悄地变化，出现O形腿或X形腿，有专家把这称作“钟摆效应”。

什么叫腿的“钟摆效应”？胎儿在母体子宫内，因胎压导致下肢形成O形。等学会走路时因受到体重等压迫，重力线在两腿的内侧外旋，所以2岁前孩子的腿很像O形腿；随着骨骼肌肉系统继续发育，腿慢慢变直，3～4岁时重力线又开始逐渐外移，移到两腿的外侧，出现生理性的X形腿。这就是腿的“钟摆效应”。

一般“钟摆效应”在4～10岁期间会自然矫正过来，这时家长要非常注意，因为稍有不慎就会形成八字脚，甚至形成真正的O形腿或X形腿。

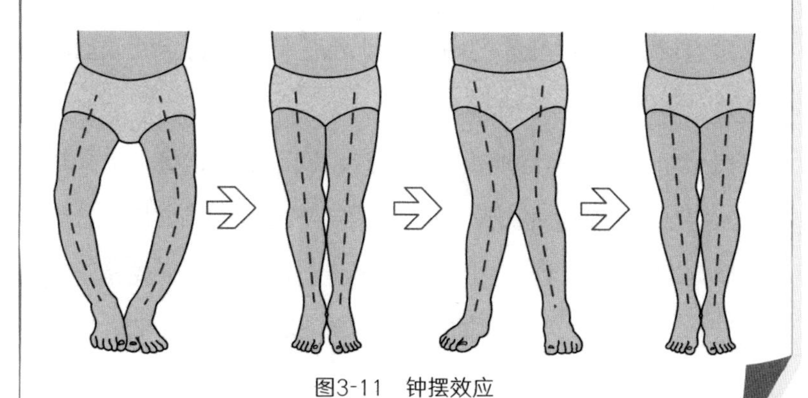

图3-11　钟摆效应

脚的呵护

“小勇士”背后的伤害

我曾看过一个报道，一个2岁女孩用了2个半小时，登上了中央电视塔的第16层，共攀爬了1400多级台阶。在大家的赞誉声中，一位骨科专家却发表评论，不支持也不赞成其他家长效仿，因为在没有经过专业训练的前提下，2岁的孩子进行这种超负荷运动对身体造成的影响是无法预计的。

我身边有同事感到很震惊：难道锻炼会伤害孩子吗？回答是肯定的。大强度的运动如慢跑和行走并不适合儿童。发育中的儿童肌肉的耐力和肌力差，心血管系统、呼吸系统都没有发育健全，无法适应大强度的体能消耗，不利于儿童肌肉组织、心血管和呼吸系统的正常发育。同时，儿童脚部骨骼骨化没有完成，剧烈的震动或压力都会引起下肢和脚的畸形。

训练宝宝独立行走的稳定和协调

宝宝学会走路之后，还应继续训练他行走的稳定性和运动的协调性，可以进行以下练习。

教宝宝拉着小车向前走、侧着走、倒退走等；将一个又轻又大的塑料球滚到宝宝的脚边，拉着他的手教他学习抬脚踢球。

将几只动物毛绒玩具散放在地板上，放一个篮子或箱子作为毛绒玩具的“家”，让宝宝通过走、蹲、弯腰等动作把它们抱回“家”。

爸爸妈妈下班进门时，让宝宝帮忙把拖鞋拿过来，递给爸爸妈妈换上等。

训练2～3岁宝宝跑、跳和身体的灵活性、平衡性

宝宝2岁时，可以进行以下一些锻炼身体灵活性、平衡性和跑、跳能力的训练。

通过“丢手绢”游戏来训练宝宝向前跑、转弯跑。

成人可牵着宝宝的两只手，教他蹦跳，逐渐训练到他的双脚能同时跳离地面。但要注意不应当让宝宝过度跳跃，尤其是不要从高处往下跳，因为幼儿还没有形成足弓，脚不具防护作用，过度的跳跃甚至可使脚受到损伤。

成人扶着宝宝练习单只脚站立、左右脚轮换站立，直至宝宝自己能够单只脚稳定地站立10秒左右的时间。这种训练可使宝宝较稳定地单脚支撑，促使双下肢力量均衡。

图3-12　单只脚站立

骑三轮童车练习。骑三轮童车可以训练孩子动作的协调性、敏捷性和反应能力，还可以增强孩子的体质，培养孩子胆大心细、集中注意力的良好习惯。

宝宝3岁时，爸爸妈妈可以指导宝宝自己脱鞋、脱袜子。

坚持正确走路姿势，可以纠正八字脚

内、外八字脚指在走和跑时脚尖是向内或向外的。造成内、外八字脚的原因很多，如先天遗传因素、腿部和踝关节的力量不足、没有掌握跑或走的正确姿势等。

宝宝的八字脚很可能是开始学步过早，由于宝宝的脚部力量还不够，学步及站立时双脚便自然地分开，使脚底面积加宽以增加力度来防止跌倒，结果产生双脚自然分开的姿势。学步期的宝宝脚踝力量弱，可选择比较轻软的鞋，但鞋底要有一定的防滑力。

一旦发现孩子有八字脚，父母应密切注意，及时纠正，可以进行以下练习。

要加强孩子腿部、足弓和踝关节的力量练习，如原地双脚并拢向上提踵练习。

如果孩子是内八字脚，可以做外旋大腿的练习和勾脚背做外旋脚踝的练习，如舞蹈基本功训练；如果孩子是外八字脚，可以做内旋大腿的练习和勾脚背做内旋脚踝的练习。

如果孩子缺钙，骨骼含钙量低，再加上行走和站立时施加给骨骼的压力，使双侧骨髋关节出现向外分的现象，以致形成外八字脚，要及时给孩子补充含蛋白质、钙和维生素D丰富的食物，多让孩子去户外活动，晒晒太阳，预防佝偻病。

图3-13　提踵练习

选鞋要点

孩子到了稳步期，走路比较顺畅，步幅也大一些了，已经可以做出不再是脚尖先着地，而是脚跟先着地再过渡到脚尖着地的动作，但还是不够稳定。

此时选鞋除了轻软、舒适、合脚外，鞋底要有一定的厚度和硬度，还应该有一定的摩擦力，防止打滑。选鞋时，可以用手掌蹭蹭鞋底，有稍微“涩”的感觉最好。太滑的鞋底表明摩擦力小，鞋不能很好地抓住地面，孩子容易摔倒。如果鞋底太厚或过于“涩”，则会使孩子的脚带不动鞋，也容易摔跤或形成脚尖走路的习惯。

稳步期的孩子可选择穿皮鞋，皮鞋的材质与皮肤最有亲和力，结构合理稳定，日常穿着可端正小朋友的体态，舒适的运动鞋适合有运动需求的场景，但不推荐日常穿着。

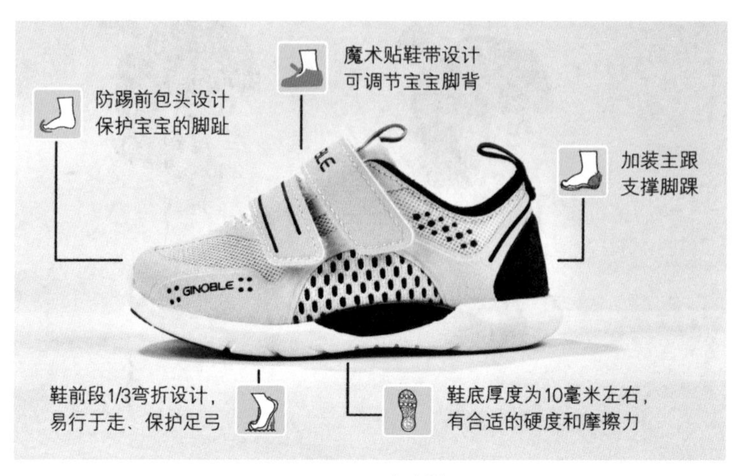

图3-14　稳步鞋

给孩子穿过大的鞋并不经济

单位有个同事总爱给孩子买大的鞋和衣服。她的孩子4岁左右，夏天总是穿着快到脚脖子的“长裙”，脚下蹬一双大出一截的球鞋，让人看了很不舒服。

一次聊天时，我问同事为什么给孩子这么打扮，她说现在是独生子女，穿剩下的衣服没人接，所以买大些的衣服和鞋能够穿的时间长些，比较经济。

她的想法代表了部分家长，从表面上看是省钱了，但实际上呢？

孩子穿过大的鞋，一则走路时脚带不起鞋来，就要像穿拖鞋似的用脚背带着走，后帮部分根本起不到稳定作用；二则如果穿拖鞋，脚趾前面是空的，脚往前冲不容易伤到脚，可满帮鞋的前面是堵上的，脚趾前冲就很容易受到损伤，如伤及脚趾或脚指甲；三则脚在大鞋里面因为不稳，会本能地用脚尖或脚后跟去寻找鞋帮以求带住鞋，这样就会形成内八字、外八字步态；四则孩子正处于生长发育阶段，也是在学习走路的阶段，需要一双合脚的童鞋。如果让孩子穿上大鞋踢里踏拉地走路，很可能养成一种不良的走路姿势，这对孩子的形体、美育都没有好处。您觉得这样经济吗?

我的看法是，不管是买衣服还是买鞋都要买得基本合适，除了从健康角度考虑之外，如果经济条件允许，既然要给孩子买新的，就让他高高兴兴地穿着合适，买得太大了，等孩子穿着合适的时候已经旧了、磨损了，并不划算。

图3-15　不宜给孩子穿过大的鞋

慎穿哥哥姐姐穿过的鞋

我国民间有句老话，叫“穿旧衣能成人”，在我们的儿童时期，基本都穿过哥哥姐姐穿过的衣服。孩子接旧衣服穿是很好的事情，但最好不要穿哥哥姐姐们穿过的鞋。

每个孩子的脚都不一样，脚的形状不同，鞋也会随着脚变形。如果孩子穿了被别人的脚型铸了模的鞋，孩子的脚也会随之变形，很可能会影响双足的发育。

小童期（约4～6岁）

脚的发育特征

孩子在4～6岁时，脚部的脂肪逐渐减少，正在发育的足弓开始显现出来，脚长得很快，处于运动神经高度发育期，基本能够完成奔跑动作，行动速度渐渐与成人接近，步态也近似；迈步的动作比较连贯，过程也比较稳定。但由于足肌力量不够，跨步时下肢摆动运动的推动力较小，还不能有力而轻松地步行，迈步还有些轻微的颠簸。脚跟骨部分由于承重而逐渐增大，脚跟的圆弧也开始长得像成人脚跟那样，足弓显现，此时是骨性足弓形成的重要时期，必要的保护必不可少。此时也是形成稳定关节的重要阶段，踝关节软弱不稳定，极易造成损伤且不易察觉，故需格外保护。

这个时期，生理性X形腿开始恢复正常；如果后跟向内倾斜，站立时足弓扁平，以及脚部外观与其他孩子不同，就需要考虑是否患有骨性扁平足，另外下肢生长痛也较常见。

脚的呵护

幼儿尽量少做“小兔跳跳”

“小兔跳跳”的学名叫作“连续双脚行进向前跳”。为什么要少做？因为膝关节在屈曲的状态下向上蹦跳，身体的重心很低，膝关节所承受的重量为体重的3倍以上。有研究甚至认为，膝关节屈曲时髌骨面上的受力有可能达到体重的7倍。此时的骨化过程尚未完成，经常做“小兔跳跳”容易造成半月板损伤或附近韧带的松弛和撕裂，过度负荷可引起髌骨软化症。尤其是对于较胖的宝宝，“小兔跳跳”会让他的膝关节不堪重负。

膝关节是人体非常重要的一个负重关节，不当的运动方式或运动过度都会加剧其磨损，因此膝关节一生都要省着用。

图3-16　小兔跳跳

专家认为，一些损害膝关节的热身运动，如半蹲左右摇晃的动作已被摒弃，但“小兔跳跳”对膝关节的损害仍未引起重视，建议尽量少做此动作。如果大一些的孩子把“小兔跳跳”作为运动项目时，事先要充分做好准备活动，使肌肉柔软、协调，每次做的时间不宜过长。

和孩子玩“石头—剪子—布”的游戏

“石头—剪子—布”的游戏大家都会玩，不过我们在这里建议用脚而不是用手。

妈妈和孩子一起坐在床上，伸出脚，“石头”就是五个脚趾向脚底弯曲；“剪子”就是大脚趾竖起来；“布”就很容易了，五个脚趾全部张开。

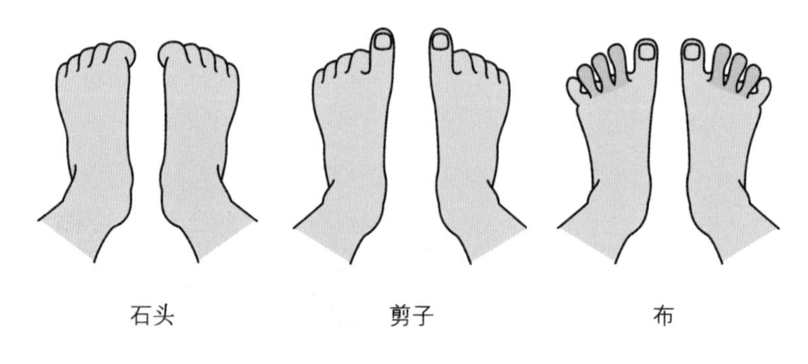

图3-17　脚趾石头、剪子、布示意图

这是一个很好的锻炼脚掌和脚趾肌肉的活动，可以促进血液循环，活动脚部关节，对锻炼脚掌肌肉、预防扁平足都很有好处。家长也可以通过这个游戏的锻炼，消除脚掌肌肉紧张，疏通经脉，还可以预防肩背酸痛。

夏天不要给孩子用凉水冲脚

有句老话叫“寒从脚下起”，脚离心脏最远，人的脚部遍布许多血管和神经末梢，还有许多穴位。脚底皮肤的温度是全身皮肤温度最低处，脚的保温性差，是最易受凉的。夏天脚底容易出汗，孩子跑跳、玩耍后出汗更多。这时，如果用凉水洗脚，热乎乎的小脚突然被凉水一激，会使毛孔骤然关闭阻塞，很容易使脚遇寒受凉，甚至会导致脚部排汗机能障碍，诱发肢端动脉痉挛，更严重的可能引发如红斑性肢痛、关节炎和风湿病等疾病。

适量的运动是对脚最好的关爱

有报道说，日本的山梨县上野原町是有名的长寿村，日本的科学家对村里的长寿者脚部做了调查，发现他们都拥有漂亮的足弓和脚底。因为在村落生活，他们从小就主要靠脚走路、耕作，因此能够拥有完美的足弓和脚底。当然，他们能健康长寿还有很多其他的因素。

“生命在于运动”这句话实在是太熟悉了，不管是站立还是跑跳，都会让脚的肌肉运动，将能量传达到脚各处的毛细血管，增加血液循环。

如在日常生活中尽量让脚解放，让脚保持接近赤脚状态。锻炼脚前掌肌肉，可以预防足弓平坦，还可以预防拇指外翻畸形。但是赤脚时不要在坚硬、冰冷的水泥路面上走路，可以在温暖、柔软的土地、地毯、沙滩上走路。

还可以多做做体育运动，尤其是跳绳、跑步、跳高、打篮球等；练习芭蕾舞基本功，做前、后、左、右方向的踢腿擦地动作；

用拇指和二趾夹画笔或类似大小的玩具；做踮脚动作，走上坡路等，都是很好的锻炼方法。

要想让脚结实、稳健，就要经常用脚运动，使脚底保持理想的柔软度、富有弹性，促进足弓的形成。

图3-18　走、跑、跳和打篮球都是很好的运动方式

选鞋要点

4～6岁的宝宝运动量增大，脚跟骨部分由于承重逐渐增大，脚跟的圆弧也开始长得像成人脚跟那样，足弓显现，迈步的动作比较连贯，过程也比较稳定；但由于足肌力量不够，跨步时下肢摆动运动的推动力较小，还不能有力而轻松地步行，每一步还有些轻微的颠簸。

我们可以经常看到小孩子，刚刚走稳一点儿就喜欢跑跑跳跳，尤其是小男孩，所以鞋的稳定性、安全性很重要。

幼儿鞋的款式可选择宽圆头型，鞋的肥度应可以调节，最好是尼龙搭扣款或扣带款式，一则方便上幼儿园的幼童自行穿脱，二则可以避免鞋带散开被绊倒的情况发生。

鞋帮和鞋面最好用柔软且有伸展性的天然头层羊皮或软牛皮制成；鞋内里、内垫使用天然绒面皮革或棉织物，孩子运动量大，出汗多，透气、吸湿排汗也很重要。

不宜选择过软的鞋垫，以免影响脚对地的触感及脚掌抓地能力的锻炼。

此阶段是形成稳定关节的重要阶段，踝关节软弱不稳定，极易造成损伤且不易察觉，故需格外保护。最好选择高出脚踝的靴鞋，要求鞋后部有支撑结构、勾心和主跟，可保护踝关节稳定，这是十分必要的。

鞋底有良好的减震、防滑作用，能够比较稳固地接触地面，还要具有一定的弹性，尤其要保证在前掌弯曲部位柔软易弯折，鞋跟5毫米左右比较合适，可减小走路时蹬地所受的力。避免穿曲度较大的鞋型，以防止成长期内八字脚的问题加重。

4～6岁的孩子正常情况下每3个月需换一双鞋，即使鞋没有顶脚或损坏，也会走形，失去支撑防护性能。好动、长得快的孩子要更换得勤些。

图3-19　小童鞋

足底挫伤主要是鞋底问题

足底挫伤是指脚底的肌肉、皮下组织瘀血和炎症反应，由于外伤或脚底与鞋摩擦而致。

足底挫伤主要是鞋底出现问题，如鞋底不平、鞋底过薄或袜子底部有褶皱等，都有可能挫伤脚底。如果是高弓足，足弓没有弹性，运动时跖骨、足跟与地面撞击力很大，而且受到的应力过于集中，就会引起第一跖骨或跟骨的挫伤。跑跳时反复的摩擦还可造成深部血肿。因脚底既要负重又要行走，所以很不容易治愈，因此出现挫伤的孩子，要穿柔软的鞋，尽量少走路，减小对挫伤部位的压迫。

比较有效的预防方法是孩子运动时要穿弹性好、鞋底有一定厚度的鞋，穿的袜子也要大小合适，袜筒有弹性，免得袜子脱落到脚底的皱褶擦伤皮肤。患有高弓足的孩子还要在鞋内加入具有弹性的跖垫或专业的足弓托垫，改变足底负重情况。

踝关节韧带损伤在学龄儿童中很常见

踝关节韧带损伤俗称“崴脚”，发病率是各关节韧带损伤最高的。踝关节韧带损伤后，踝关节处生物力学不平衡，疼痛、肿胀、皮下瘀血，行动时疼痛加剧。伤后如治疗不及时或不当，会造成踝关节复发性脱位，即踝关节不稳定，经常出现扭伤，形成习惯性踝关节韧带损伤；还可继发粘连性关节囊炎、创伤性骨关节炎等，导致疼痛、功能障碍等，影响到儿童今后的生活，对体育、舞蹈活动影响很大，对女孩子成年后穿高跟鞋也有影响。

踝关节韧带损伤在学龄儿童期很常见，这期间还没有形成稳定的关节结构，孩子们在学校的运动量大，开始接触各种球类。踢足球时抢球相撞，打篮球时半蹲位姿势防守和起跳落地等动作，都极易扭伤踝关节。

日常生活中，儿童穿缺乏脚后部支撑的鞋，如没有安装主跟、鞋后帮过软的鞋，在高低不平的路面上跑跳，都容易造成踝关节突然内收、内翻，导致外副韧带损伤，重者会并发踝关节暂时性脱位。另外，穿着鞋跟外侧磨损的鞋，也可能引起踝关节韧带损伤。

夏天应该给孩子穿凉鞋

现在的家长一年四季都喜欢给孩子穿运动鞋、休闲鞋，这样并不合适。夏天就应该给孩子穿凉鞋。我们在做“中国人群脚型规律的研究”的项目时，对我国20多个省市的儿童进行了脚型调研。我们发现当时在深圳一所学校里，5月底已经很热了，穿着高帮运动鞋的孩子不在少数。调研的结果让我们感到吃惊，40年前我国华南地区的足弓低平趋势是最低的，现在却是最高的。说明了什么？南方的夏季多，穿凉鞋的时间长，对脚的束缚时间要少很多，脚趾和脚掌能够充分地活动，足底肌肉坚强。而现在，很多孩子一年四季穿运动鞋、休闲鞋，多汗、潮湿再加上不透气的鞋，很容易患上脚癣。更严重的是，脚每天生活在鞋内闷热、潮湿的环境里，导致足底肌肉松弛，而足底肌肉是支撑足弓的重要因素，长此以往会使得足弓低平甚至引发功能性平足，影响足弓的正常发育。所以，夏天应该给孩子穿凉鞋。

中童期（7～9岁）

脚的发育特征

7～9岁儿童基本掌握了各种运动行为，向学习技能性运动时期过渡，脚长以每年平均增长约一个号的速度生长；行走模式已基本成熟，有节奏且流畅，步长能保持一定的距离，接近成人步态；生理性X形腿、O形腿趋向正常，但由于各种因素影响，有些不能恢复正常，需要认真对待。这一时期的跟骨承载力进一步加强，是形成稳定关节及有力足弓的重要阶段。这一时期也是脆弱的生长时期，又因进入学龄期，父母把关注重心转移到学习上，成为脚疾及畸形的高发期，孩子易患扁平足、足内外翻、嵌甲、足癣等。

脚的呵护

保持儿童的体重正常

30年前，我国儿童脚的肥度分布曲线是像一顶草帽似的状态分布曲线，脚的肥度在二型半的人数最多，而现在我国儿童脚肥度的曲线却变成了两座驼峰，瘦型脚的多，肥型脚的也不少。生活方式和饮食习惯的改变，营养的不均衡，缺乏锻炼等，使幼儿的身体向肥胖或瘦弱两极发展，也就是我们常说的小胖墩儿体型和豆芽菜体型增多，两种体型都会影响他们脚的发育。瘦弱的体型，脚部骨骼、肌肉会发育不良，很容易引起变形；营养过剩、肥胖的体型，压在正在成长的脚上，也很容易使脚变形。生活水平高的地区扁平足、X形腿的发生率高，也和肥胖儿多有关。

跳绳可以促进足弓正常发育

跳绳是促进足弓正常发育的运动，可以在日常生活中进行锻炼。孩子刚开始练习跳绳时，跳1分钟就会很累，所以要慢慢加大活动量，不要勉强。

图3-20 跳绳

注意要选择软硬适中的草坪、木质地板或泥土地练习，如果场地过硬，来自地面的冲击过大，有时会使关节受伤或产生头晕等不适感。绳子软硬、粗细要适中，初学的小朋友可以先选用较硬的绳子，熟练后可改为软绳。

锻炼脚部肌肉的脚部小活动

在休息的时候，妈妈和孩子一起做脚部体操，不但能帮助孩子的双脚和双腿正常发育，预防扁平足，也能帮助妈妈保持正常体型、预防衰老。

踮脚活动：站直，提升脚后跟，保持脚趾站立约5秒，再慢慢地恢复到脚后跟着地，重复10次。这个活动可以锻炼脚掌及腿部肌肉，有助于足弓发育，促进全身的血液循环。

抓趾活动：用脚趾抓小东西等，抓到后保持5秒再放开，重复10次。抓趾活动可增强脚底肌力，刺激脚趾，舒展经络，还可以缓解妈妈穿高跟鞋带来的脚的不适。

弹跳活动：各种弹跳性运动，如跳绳、打球等。弹跳活动可以锻炼小腿及脚部肌肉，增强脚部肌力。孩子写作业感觉很累时，做这个运动可以立刻使他头脑清醒，还可以缓解视力疲劳。

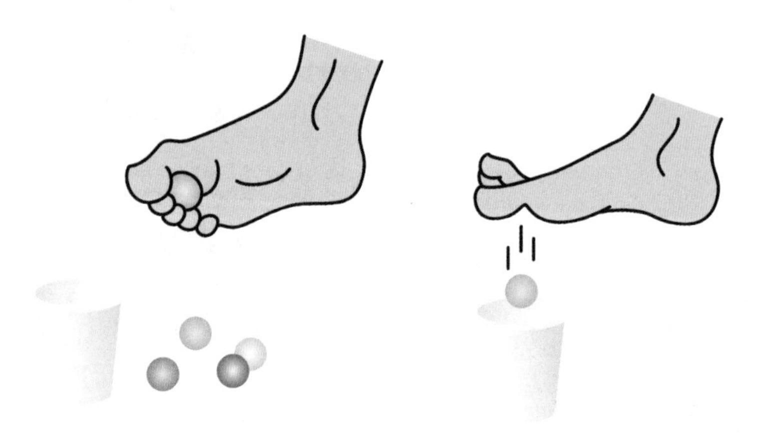

图3-21　抓趾运动

选鞋要点

许多家长认为孩子在学校又跑又跳，买一双适宜运动的鞋就行。其实不然，鞋的舒适性对学龄儿童是很重要的，因为孩子每天在学校待近10个小时，不舒适、闷脚、潮湿的鞋内环境对脚的健康影响很大。

学龄儿童的选鞋范围比较广，皮鞋、布鞋、球鞋、运动鞋都可以。但日常仍应以穿着皮鞋为主，不能因孩子上学而长时间穿着运动鞋。

为了安全度过脚部畸形的高发阶段，选择鞋时要感受鞋的弹性、稳定性和保护性，要特别注意鞋头及鞋后跟部的支撑与防护，装有硬包头和硬主跟结构。帮面材料应具有呼吸性，并具备良好的吸湿排汗功能，保持鞋内干爽。

款式以可调节围度的系带、扣袢、搭扣为主，牛津鞋、小浅口鞋、丁字鞋都是制服式学生装的最好搭配。

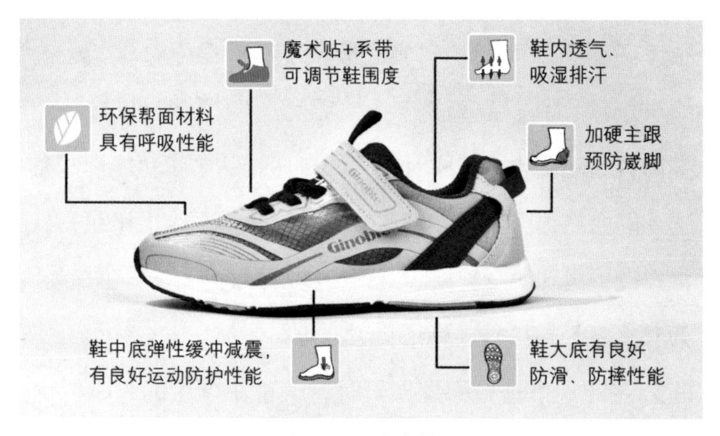

图3-22　中童鞋

孩子的运动鞋要穿得合适

从国外的统计资料看，甲沟炎患者多为大、中、小学生，而且男生比女生多，主要是活泼好动、长期穿运动鞋上学的人群。

我们细细地说一下孩子是如何患上甲沟炎的。

如果在进行踢足球、打篮球、跑跳等激烈的体育活动时，操场上的泥土、沙子和小石粒钻进鞋内，就会和袜子发生摩擦。

如果鞋不合适，就会发生鞋与袜之间的摩擦，这种摩擦的加剧就会转为袜子与脚之间的摩擦，伤及脚。日本的研究专家描述了在显微镜下看到的摩擦情况：摩擦在脚指甲周围造成很多处细小的外伤。这种持续的刺激，是造成嵌甲的病因之一。

如果出现了嵌甲，再穿着透气性差的鞋，脚在湿热的环境里待着，就会使细菌大量繁殖，出现感染，引发甲沟炎。所以要给爱运动的孩子选择透气性好、穿着合适的运动鞋。运动前一定要系好鞋带，一旦感觉鞋里进了沙子，就要尽快把沙子“抖”出来。

女孩不要穿压脚、挤脚的鞋

很多妈妈喜欢时尚，也喜欢把孩子打扮得很时髦，给女孩子买高跟鞋、瘦型鞋、高筒靴穿。高跟鞋、瘦型鞋会使脚趾受到挤压，高筒靴的硬筒也会造成对小腿的挤压，这些都可能引起整个足部和腿部的血液循环不畅，进一步导致摄食中枢供血不足，从而引起肠胃失调，出现厌食现象，女孩要特别注意。

为什么冬天穿厚鞋，脚还会生冻疮

我们在锦州市进行脚型调研时，一位小学生的妈妈说锦州的冬天很冷，孩子上学路程较远，所以她让孩子穿上厚厚的高帮旅游鞋，并强调说“专门买人造革面的”。这位妈妈觉得人造革不透气，可以很好地隔绝冷空气，但孩子回来时袜子经常是湿的，还生了冻疮。这是怎么回事？

生冻疮在北方比较常见，脚部皮下组织少，表皮面积比较大，所以散热能力强，保温能力却很差。孩子感到脚冷主要发生在路上，如坐公交车时脚不能过多地活动，肌肉没有收缩，不能帮助血液流通循环，很容易生冻疮。冻疮除了又疼又痒外，严重的可造成肌肉萎缩或周围神经机能障碍，甚至损伤儿童骨骼的骺板，造成脚趾畸形。

预防冻疮的方法是“保温”，尤其是在脚趾的部位。因此，在寒冷的地方要穿棉靴，棉布的或皮制的都行。靴的前头宽大，脚趾有很大的活动空间，稍微肥大的鞋可使脚与鞋之间有空气流通，鞋内的暖空气本身就能起到保暖作用。

我们再来分析一下“人造革不透气，可以很好地隔绝冷空气”这句话，这话听起来很有道理，其实不然。学校有暖气的教室比较暖和，一般都不会感到脚冷，甚至会出汗。人造革鞋不透气，一旦在学校里活动后脚出汗，汗液就散不出去，鞋内的环境变得潮湿，如果再到了冷的地方，又冷又湿对脚的伤害更大，不但会生出冻疮，冻疮消退后皮肤还会对寒冷更加敏感，更容易出汗。孩子的鞋袜经常会被汗水浸湿，严重的同时会出现脚趾强直、疼痛，甚至肌肉萎缩、骨关节炎等。所以，冬季选鞋要防冻还要防潮，要选择透气性好的靴子，如天然皮革制作的靴子。

保持鞋内清洁干燥

每到夏季，脚气给很多人带来了烦恼，脚不断地蜕皮，又痒又痛，搞不好还会引发炎症。脚气在医学上称为“足癣”，分为三类：水疱型、鳞屑角化型、糜烂型，是最常见的皮肤真菌感染。脚气除了能引起手癣、甲癣、体癣、股癣等皮肤病外，还可以引发急性淋巴管炎、丹毒、蜂窝组织炎，重者可危及生命。脚多汗、潮湿或穿透气性差的鞋子很容易患上足癣。

预防脚气的最好方法就是穿透气、吸汗良好的鞋子，保持鞋内清洁、干燥；每天洗脚、经常换鞋垫，注意脚的卫生清洁。

不要总让孩子穿一双鞋，最少要给孩子买两双鞋换着穿。这样可让鞋干透，也可保持鞋不变形。

如果鞋湿得很厉害，可把鞋垫拿出来分别晾干，这样干得快些。不要把鞋放在太阳下暴晒，也不要用吹风机的热风吹，而要慢慢阴干，因为鞋帮和鞋底是胶粘的，遇热容易开胶，白色的鞋底或鞋面容易“黄变”。

大童期（10～14岁）

脚的发育特征

10～14岁的儿童脚的长度已与成人相近，基本停止生长，但骨骼骨化融合、关节发育还在继续，仍处于脆弱的生长期。这一阶段，孩子的体重和运动量急剧增加，给脚带来了更大的压力，需要通过锻炼形成坚强的足肌来维系足弓；跟骨创伤多发，注意跟骨的防护。

脚的呵护

10～14岁是脚部外伤高发期

10～14岁处于小学高年级和中学阶段，脚的外伤发生率很高。我们做过一些调研显示，此时的家长已把注意力更多地放在孩子的学业上，对脚的问题很不以为然。其实，此阶段的孩子身体发育很快，一旦受到损伤很可能造成终生的影响。

大童期的小朋友热衷于各种体育运动，如跑、跳、球类练习和踢毽等活动，都能够有效地锻炼下肢和脚部肌肉，但要做好安全防护，选择适合运动的鞋、袜。如打篮球就要选择具有减震和护踝功能的篮球鞋，防止踝关节扭伤和跟骨创伤。另外，在我国因骑自行车摔倒造成脚部骨折的人中，80%是15岁以下的学生，所以要引起家长们的重视。

警惕运动伤害演变成永久性伤害

运动伤害是青少年最常见的问题，尤其是喜欢运动的男孩子。像踢足球前没有做热身运动，比赛时的互相碰撞和跑跳时的突然发力，还有激烈的活动后没有做放松活动，都很容易造成脚踝扭伤、膝盖韧带拉伤、跟骨骨折等。家长如果发现孩子运动后受伤，一定要在他完全恢复的情况下，才能允许他继续运动，以避免造成永久性伤害，影响孩子一生的健康。很多人都是由于儿童时期没有

扫一扫，看视频

走路时不能踩脚后跟。

重视这些伤痛，没有很认真地治疗，没有等伤痛彻底养好就继续运动，而留成了旧伤，造成了永久性伤害。到成年之后、遇到天气变化、剧烈运动或运动时间长了，甚至走路久了，就会感觉到踝骨、膝关节、脚部隐隐作痛，严重的甚至影响到生活质量。

爱运动的孩子是脚跟痛的主要人群

发生在儿童时期的脚跟疼痛有多种原因。主要原因是由跟骨骨骺缺血性坏死引起的。儿童喜爱跑跳，致使肌肉拉力反复、长时间地集中于跟骨结节骨骺上，发生慢性劳损，从而导致跟骨骨骺缺血性坏死。发病期间，脚跟缺乏弹性、疼痛，而且会放射到小腿部分，严重的走路都困难，非常痛苦。

另外，引起脚跟痛的原因还有跟骨骺炎，也多见于爱运动的孩子，高发期在8～15岁。

儿童赤脚或穿着鞋底很薄的鞋、没有鞋跟的鞋和鞋底没有弹性的鞋，像薄底的布鞋、平底的布球鞋等在坚硬的路面上行走、跑、跳都是引起脚跟痛的原因。

孩子出现脚跟痛，一般多采用物理治疗方法，多休息、少站立或行走，穿鞋底较厚的有弹性的鞋或有一点儿跟的鞋，最好在鞋内配有后跟软垫，减少硬地面对脚后跟的撞击。

选鞋要点

现在我国城市的少年普遍穿着运动鞋、旅游鞋，减震性很好，对跟骨有很好的防护作用，但透气性不佳，出了汗的脚在鞋里捂一天，会使脚部肌肉无力、足弓松弛。选择运动鞋时要注意鞋的材质，尽量不要选择不透气的合成革、塑料帮面，内底的吸湿性要好，与脚接触面最好是天然皮质或纯棉布制的。

帆布鞋、板鞋没有鞋跟，对脚踝、脚跟防护性很差，容易造成崴脚、跟骨肿痛等伤害。

即使孩子的脚长到与成人相同的尺码，也尽量不要穿特性明显的成人鞋，尤其是女孩，尖头、高跟、厚底等款式都不要涉及。

不要选择仿皮底的皮鞋，这种鞋底虽然漂亮，但比较硬、滑、沉，不适合少年儿童。

穿运动鞋上学的孩子，如果上午运动量很大，可带一双干净的袜子，运动后换上，能使脚舒适些。

注意控制孩子的体重，肥胖会对脚造成更大的压力，引发扁平足或畸形。

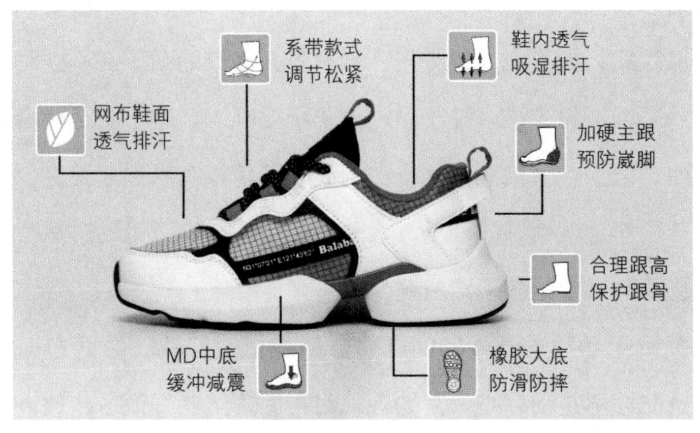

图3-23　大童鞋

运动鞋不是“全能鞋”“四季鞋”

迈克尔·乔丹、勒布朗·詹姆斯等著名的体育明星代言的国际品牌运动鞋成为青少年心中的时尚潮流，国内的运动鞋品牌也不甘示弱。于是，广告宣传铺天盖地，使得运动鞋几乎成了全能鞋，男女老少都喜欢，青少年更是四季不离脚。我们在北京某中学做脚型调研时，初一、初二、高一、高二四个年级的学生，竟然没有一个穿的不是运动鞋。

运动鞋虽然舒服，但孩子长期穿着并不好。首先，运动鞋是为运动而设计的，脚在运动状态下内旋角度偏大。我们可以看一看鞋底，前掌部分往里弯的较多，称作“曲线鞋型”。孩子在发育过程中会出现不同程度的八字脚，大多是可以自然矫正的，如果穿“曲线鞋型”的鞋，很可能加大脚的八字程度，变成真正的八字脚。其次，运动鞋之所以舒适，鞋面、鞋垫是由发泡海绵包裹住的，透气性不好，经过一段时间，鞋子里面的温度就会偏高，促使脚部出汗多，孩子的脚长时间处在一种潮湿的环境中，极易引发各种脚部疾病，如甲沟炎、脚气、脚癣等。还有的孩子在玩耍时，可能有沙子、石粒等进入鞋子里，孩子玩得高兴，顾不上及时清除这些东西，它们就会硌破皮肤，在潮湿的环境很容易引起发炎。所以要给孩子穿透气性好的鞋子，运动鞋在运动时穿，运动过后及时更换，夏天时还要给孩子穿凉鞋。

关于运动鞋透气性的问题，曾经有记者问我：“网布面的运动鞋透气性不是很好吗？”的确，网布面透气性好很多，但人脚底的汗腺分布是最密的，也最容易出汗，运动鞋厚厚软软的鞋垫依然是不透气的，穿久了一样会感觉很闷热。

运动鞋的另一个问题是厚而软的鞋垫使得脚底神经不能受到应有的刺激，反应不灵敏。美国有研究表明，现代儿童很容易摔跤，平衡感不好，就与脚底神经发育不良、不灵敏有关系。

布鞋、布球鞋、帆布鞋就一定透气吗

许多家长问我："布球鞋明明是布做的，应该很透气，可孩子脱下鞋时脚总是湿漉漉的，还很臭，是怎么回事？"

布球鞋并不像我们想象的那么透气，这是球鞋的制作工艺造成的。做鞋时为了让鞋面挺括、有形，鞋帮面与帮里黏合得牢固，在鞋帮里、鞋帮面之间刷上了一层胶，这层胶阻碍了空气的流通，所以变得不透气了（许多布鞋也采取这样的工艺），我们许多家长在年轻时穿过的"解放鞋"也是这种情况，因此布球鞋"臭脚"是出了名的。

前不久，我看到这样一则报道，南方某中学初一年级的新生收到老师的命令：在学校穿鞋只能穿布鞋、布球鞋，不能穿名牌鞋。这项要求颁布后，经过4个多月的实践，"布鞋令"已被学生、家长接纳，学生们还直夸布鞋穿着舒服。校方认为，"布鞋令"有效地遏制了攀比之风，正确地引导了学生消费。看了这篇报道，我在想，幸亏是中学发的"布鞋令"，要是小学，那就会影响孩子脚的正常发育了。布鞋、布球鞋虽鞋面柔软，鞋底轻薄，穿着轻便，但缺乏包头、主跟、勾心等防护结构，有些孩子很爱用脚踢石头，没有硬包头保护就容易伤到脚指头。儿童的脚踝关节正在发育，柔软且不稳定，没有主跟支持很容易崴脚。鞋底不加勾心，不

隔水、不隔热，不能保护足弓。布鞋和布球鞋没跟，跟骨部位的抗震性差，很可能损害到运动关节等，甚至会影响孩子成年后的健康生活。

其实，我觉得即使在中学发布“布鞋令”也有不妥之处，中学的孩子活动量更大，对脚的损伤也不小。我曾经见过穿布球鞋打篮球的孩子，一场球打完脚跟痛得不能着地，踮着脚一瘸一拐地走下来。

青少年是否适合穿气垫鞋的讨论

气垫鞋可以有效地吸收部分反作用力，穿着轻松舒适，还可减缓步行时脚踝与地面撞击造成的震荡，对脚提供额外避震和承托力，但是对于气垫鞋是否能真正为双脚提供强有力的稳定保护，科学界一直颇有争议。来自美国的一项研究表明，穿气垫运动鞋打篮球，脚踝受伤的机会是普通运动鞋的4倍多。研究者推测，这是因为气垫鞋柔软、穿起来舒适，但是落地时稳定度差造成的。

还有一种说法是气垫鞋的高度影响人体健康。气垫的高度实际上就是后跟高度，这是一个不容忽视的因素，它所产生的后果与儿童穿高跟鞋是一致的。它会引发一系列的足部疾病，比如拇外翻、扁平足等，还会对脊柱产生间接影响，形成慢性损伤，最终导致腰痛和颈椎病的发生，因此处于身体生长发育时期的青少年不适宜穿气垫鞋。

我认为，并不是所有的气垫鞋都不适合孩子穿着。所谓能造成运动伤害的气垫鞋，主要是高档的篮球鞋，而且大多数都由专业运动员穿着，落地和起跳都有着相当的高度。一般的少年儿童在上体育课和玩耍时，是不会产生崴脚力量的，穿有气垫的运动鞋并无大碍。

但是关于穿气垫鞋相当于穿高跟鞋、厚底鞋一说倒是应该引起我们的注意。理想的气垫鞋底的厚度是：8岁以下不宜超过20毫米，12岁以下不宜超过25毫米，请家长们一定要把握好。总之，科学穿着气垫鞋，不仅可以避免运动伤害，而且会增加额外的保护。

如何选购童鞋

1999年，《妈妈宝宝》杂志的特约记者田甜的儿子3岁，当我们聊起我国儿童穿鞋问题时，她感到很震惊。优秀记者的责任感、职业敏感和对儿子的爱，促使她做了一系列的市场调查，撰写了《中国幼儿应该穿皮鞋》一文，并在当时引起了轰动。

田甜在对妈妈们怎样为孩子选鞋进行调研后写道：几乎没有妈妈知道宝宝鞋有特定的款式、质地、结构要求，也不知道宝宝的真正感受。大部分妈妈在购买童鞋时都有这样的心理：孩子脚长得快，没几天就小了，不值得买贵的，随便买一双款式不错的，穿坏了就扔。而一位从日本留学回来的妈妈则说，日本的宝宝衣服可以很旧，很不讲究，比较便宜，但鞋一定是最好的、新的，也贵得多。生活中大多数宝宝都穿这样的鞋：布鞋、胶鞋、棉鞋、休闲运动鞋，几乎所有的妈妈都认为鞋子越软越好，宝宝的小脚在里面才会很舒服。

20多年过去了，大部分妈妈仍旧没有改变她们的想法，如何为孩子选一双适合的鞋，也仍然是我们许多家长的困惑。下面我们就讲讲如何科学地为孩子选鞋。

为孩子选择最佳的童鞋

“如果鞋子是玩具，那么买鞋子的过程就是一个好玩的游戏。还记得站在那些量尺上的感觉吗？金属透过袜子从脚底传来一阵寒意，量尺的游标说明了你的脚在这个世界上能画出的界限。店员和妈妈把全部注意力都放在你身上，轻声地问你：喜欢什么？想要哪种？这双舒服吗？被有力的手指扣得紧紧的玛丽珍童鞋调得正好的扣环，系得十分服帖的鞋带。店员用大拇指按着鞋头去感觉脚趾距离鞋子顶端还有多少空间，然后走到妈妈身边轻声耳语：‘还有成长空间……这个季节非常流行……值得信赖的牌子……’‘亲爱的，四处走走，你觉得怎么样？’你那么受到重视，你是那一天的皇后，是灰姑娘，是带着仆人的公主。”这是澳大利亚女作家简·爱德肖著的《脚底连着心》中的一段话。每当看到这里时我都会想，什么时候我们中国的孩子也能在买鞋时享受如此的待遇？

我说的“待遇”，不仅是指店员热情周到的服务，而是孩子买鞋的过程。要为孩子买到适脚的鞋需要经过以下步骤：量脚→选鞋→试鞋。

购鞋三部曲

第一步：量脚

正确的选鞋过程应是先量脚再选鞋，是保证鞋适合脚型的关键步骤。

在实体店买鞋，最好由专业人员为孩子测量脚的长度和围度，提供合适的鞋号与鞋型。如果条件不允许，家长可自行为孩子测量，根据测量的鞋号和鞋型，让孩子试穿。

量脚并不仅仅是测量一下脚的长度和围度，而是通过量脚对孩子的脚有全面的认识。受过专业训练的店员，可以准确地根据脚的部位的尺寸，来综合确定鞋的长度尺码。比如，可以确定孩子的足弓长度，使孩子脚的弯曲部位与鞋的弯曲部位相吻合，预留出合理的活动和生长空间；也可以根据肥度的尺寸，综合跗面的高低、脚掌的宽窄、脚部脂肪多少及各种鞋款的调节程度等，为孩子选择适合的鞋型。这是非常关键的步骤，不仅很多家长不能准确把握，甚至我国许多专业的制鞋工作者也做不到这一点。

现在在许多国家，儿童买鞋先量脚已广为家长接受，并成为必不可少的步骤。借助于量脚选择合适的鞋子，对孩子穿鞋的安全

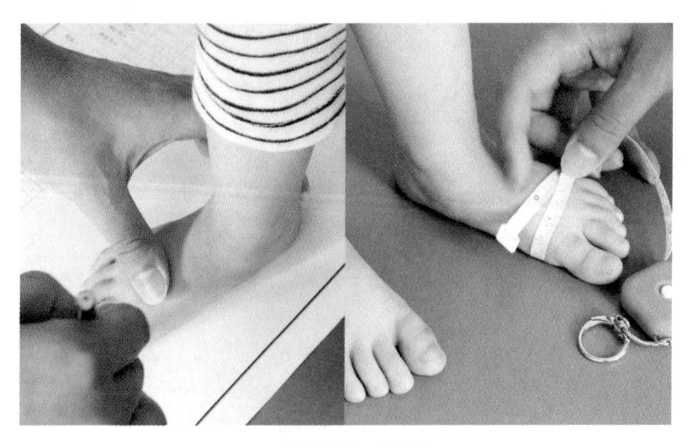

图3-24　量脚

性、舒适性以及健康都非常有益。

测测孩子的脚型

①让孩子双脚的距离与肩膀等宽，站直，脚踩在纸上，铅笔要与纸面垂直，描出脚的轮廓。

②在二趾与三趾趾根处画一点a，在大拇指跖趾关节突点画一点b，小趾跖趾关节突点画一点c。

③取出纸，用软尺过孩子脚的大拇指跖趾关节突点和小趾跖趾关节突点围一圈，测量孩子脚的围度。

④找出脚后跟边沿中点d，过a和d画直线，从a点向前延长到超出脚趾至点e，使过点e的垂线与最长的脚趾相切，de就是孩子的脚长。

⑤连接b和c点，量取宽度，是孩子脚的宽度。

⑥从b点做平行于ad的直线，量取ab长度，是孩子脚的弯曲部位长度（足弓长）。根据孩子脚型的长与宽，对照表3-1的数据来选择合适的鞋号与鞋型。

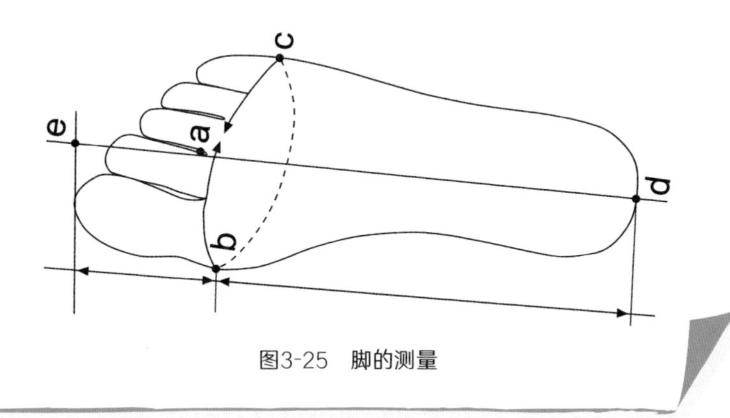

图3-25　脚的测量

表3-1　脚长与鞋号、鞋型表

脚长	鞋号	一型围	一型半围	二型围	二型半围	三型围	三型半围
132.5—137.5	135	133	136.5	140	143.5	147	150.5
137.6—142.5	140	137.5	141	144.5	148	151.5	155
142.6—147.5	145	142	145.5	149	152.5	156	159.5
147.4—152.5	150	146.5	150	153.5	157	160.5	164
152.6—157.5	155	151	154.5	158	161.5	165	168.5
157.6—162.5	160	155.5	159	162.5	166	169.5	173
162.6—167.5	165	160	163.5	167	170.5	174	177.5
167.6—172.5	170	164.5	168	171.5	175	178.5	182
172.5—177.5	175	169	172.5	176	179.5	183	186.5
177.6—182.5	180	173.5	177	180.5	184	187.5	191
182.6—187.5	185	178	181.5	185	188.5	192	195.5
187.6—192.5	190	182.5	186	189.5	193	196.5	200
192.3—197.5	195	187	190.5	194	197.5	201	204.5
197.6—202.5	200	191.5	195	198.5	202	205.5	209
202.6—207.5	205	196	199.5	203	206.5	210	213.5

举个例子来说，如果宝宝的脚长是141毫米，可以在“137.6~142.5”一栏中，选择140号的鞋，如果脚的围度是146毫米，那么穿二型的鞋（围144.5毫米）可能会挤脚，需要穿二型半（围148毫米）的鞋。

图3-26　不同型号的鞋子

注意：一型以下的脚是偏瘦型；一型半至二型的脚是标准型；二型半以上的脚是肥型。但孩子的脚如果是三型半以上，排除先天因素，家长就要注意控制孩子的体重了。从遗传学角度来讲，如果孩子10岁时体重仍然严重超标，终生肥胖的可能性很大。

第二步：选鞋

选鞋的标准是脚感舒适、能正确行走、不易引起疲劳和损伤。

款式：宽圆头的鞋比较适合孩子的脚型；系带的款式可以调节宽度，年龄较小的孩子可使用魔术扣、扣环等易于穿脱的结构；鞋后围住脚踝的上口以包有软海绵为宜。

鞋面：鞋面应该由透气性好的天然皮革材料制成。因为儿童的脚会大量出汗，透气性可防止脚产生闷热感，避免细菌的过度生长和湿热环境引起的足底肌肉松弛。

鞋内垫：应具有吸湿排汗性能，以保持鞋内干爽，但前掌部不易过软，后跟部软些可减小跟骨所受的冲击。天然绒面皮革最佳，因其与脚有着很好的亲和力，脚感舒适，还有一定的防滑作用。

鞋底：具有缓冲性和弹性，能够稳固地接触地面。鞋底过软或过硬均易产生疲劳，须保证在前掌弯曲部位柔软易弯折。同时，要有良好的减震、防滑效果。

鞋后部支撑：选择有支撑性的后部结构，可保护踝关节稳定，这是十分必要的。

合理的鞋跟：鞋跟太高不好，但无鞋跟易引起跟部承重过大，引发疲劳损伤。适当的鞋跟高度，能达到有效的缓冲效果，增强防滑能力，还可以隔热、隔水、减小步行时脚蹬地所受的力。

如何为孩子购买外国品牌的童鞋

很多国际品牌的童鞋品质、款式、材料都很好，但如果从国外购买，很多家长掌握不好孩子鞋号的大小。

我们常见的鞋号有中国鞋号、英码和法码等。中国鞋号是以毫米（mm）为单位的，量得的脚长就是鞋号，前面我们已经讲过。每个号之间的差是10毫米，如150号、160号等，半号差是5毫米，如160号、165号、170号、175号等。

英码是以英寸为单位的，每个号之间的差是1/3英寸，即8.46毫米（1英寸=25.4毫米），半号差4.23毫米。英码的最小号是1号，适合100毫米左右脚长的宝宝穿着。

法码是以厘米（cm）为单位的，号和号之间的差是2/3厘米，即6.67毫米。法码的最小号是16号，也是适合100毫米左右脚长的宝宝穿着。

家长可按照上面的方法给孩子量好脚之后，查表3-2选择鞋码。

表3-2　中国鞋号、英码、法码与脚长对应表

脚长（毫米）	中国鞋号	英码	法码
132.5—137.5	135	5	21
137.6—142.5	140	6	22或23
142.6—147.5	145	7	23或24
147.4—152.5	150	7	24
152.6—157.5	155	8	25
157.6—162.5	160	8或9	26
162.6—167.5	165	9	26或27
167.6—172.5	170	10	27

续表

脚长（毫米）	中国鞋号	英码	法码
172.5—177.5	175	10	28
177.6—182.5	180	11	29
182.6—187.5	185	11	29或30
187.6—192.5	190	12	30
192.3—197.5	195	12或13	31
197.6—202.5	200	13	32
202.6—207.5	205	成人1	32或33

注意：由于每种鞋号的号与号之差不相同，它们之间对比起来有些困难，不够准确。如果不能带孩子亲自去试，就要选大一些的，穿着时放入半码垫。

另外，一般来说，日韩系的童鞋偏肥，适合脚面高、脚比较肥的儿童；欧美系的童鞋偏瘦，脚面偏低，适合脚偏瘦的孩子，家长要对自己孩子的脚有大概的了解。

第三步：试鞋

试鞋之前让孩子先走一走，可先带孩子看看玩具、衣服。因为经过活动之后，孩子的脚部血液循环增加，胀起来的脚试鞋比较合适。现在提倡傍晚买鞋，因为经过一天的运动，脚已经膨胀了，但对于儿童没有太大的必要。儿童脚的胀缩量比较小，而且童鞋一般成长空间和活动空间会留得比较充裕。

试鞋时应让孩子保持站立，因为站立时脚负担体重，这样的姿势下脚的尺寸较大。

当帮孩子穿上鞋后，要注意鞋的长度、宽度和深度是否适合，鞋的头部不会压迫脚趾。可将孩子的脚轻推至鞋前头，切记要轻轻挨着鞋头，后跟部约能插入一指（10毫米）大小即可。

检查鞋的宽度，如果发现鞋的帮面两侧往外“淤出来”超出鞋底盘，就说明鞋太窄了，需要换一个更肥的型号。要保证鞋的后跟与孩子的脚后跟适合，脚不能在鞋里面左右晃动。如果两只脚的尺寸不一般大，试鞋时应以大的一只为准。

扫一扫，看视频

买鞋时怎么判断大小是否合适？

让孩子穿着鞋走走看，体会一下脚的实际感觉，做踮脚、下蹲动作，然后问孩子脚的感受。如果孩子年龄较小，要让孩子马上脱鞋，查看他的脚有无挤压的痕迹。

如何为孩子挑鞋

用拇指按压鞋前头包着脚趾的部分，如果塌陷则表明支撑保护性差。

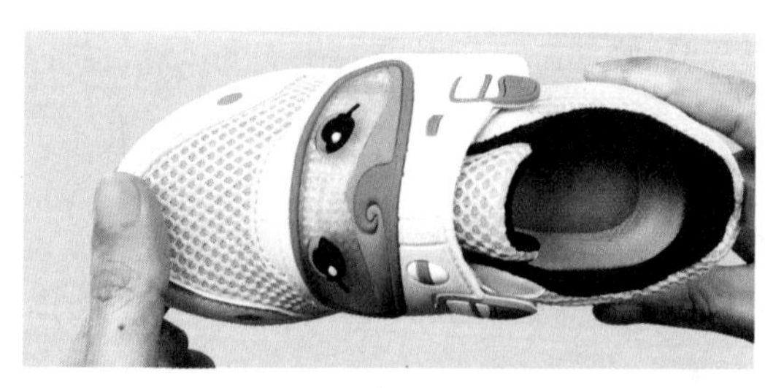

图3-27　检查前包头

拿着鞋的后跟，用食指和拇指在鞋后帮两侧挤压，鞋后跟不应被压塌。查看后帮脚踝围口处是否卡脚，最好选择有软口的鞋。

图3-28　检查后主跟

拿住鞋前后两头往上弯折，弯曲部位应在前掌跖趾关节处，约鞋前1/3处。如果鞋的弯折点更趋向中间，那么弯曲的稳定性差，将缺乏足弓支持。

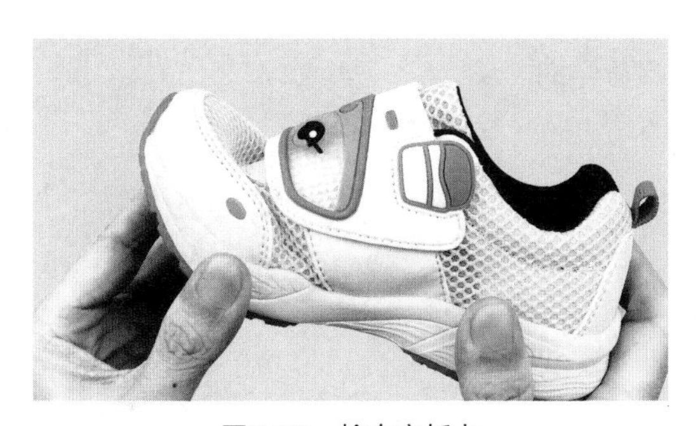

图3-29　检查弯折点

一只手的拇指和食指托住鞋底的前部，另一只手的拇指和食指托住鞋底的后部，用托后部的手上下扭一下，如果你感觉扭转起来很轻松，说明鞋的扭转稳定性差，不能给脚以适当的支持，尤其对脚有扁平足或内、外旋趋势的孩子就更不适合。稳定性好的鞋基本上是不能扭曲的。

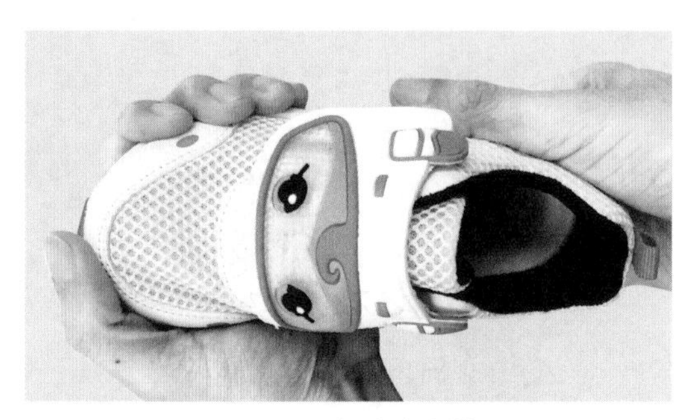

图3-30　检查稳定性

用手掌摩擦鞋底，如果感觉很滑表明其摩擦性差，感觉发涩则表明摩擦性比较合适。但如果外底很黏，而且厚重，会使孩子走起路来很笨拙。另外，不要选择鞋底出边大于5毫米的鞋，理论上鞋底出边能增大脚的着地面积，但对于稍有内八字步态的孩子，内底边相碰很容易摔倒。

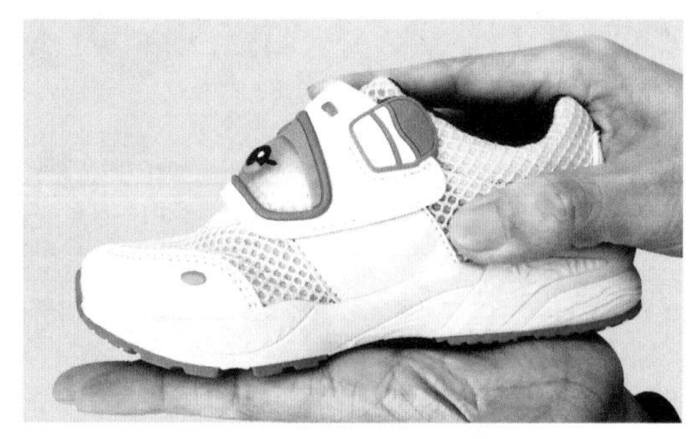

图3-31　检查防滑性

认真触摸鞋内，以防有偶然留下的针和钉子。用手试试鞋垫是否会打滑，是否有好的触感。

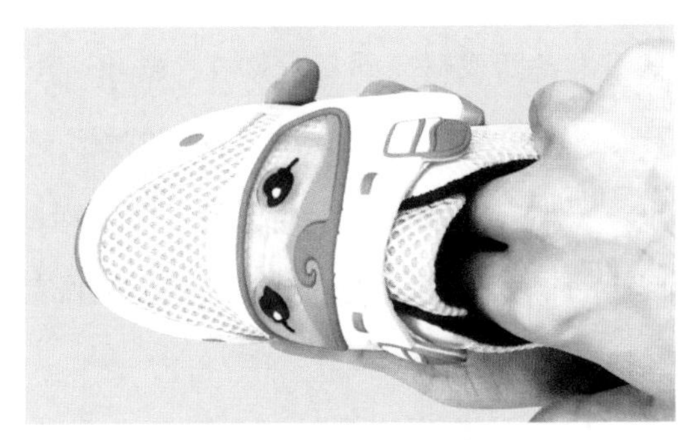

图3-32　检查鞋内垫

仔细查看针脚，缝制粗糙的鞋会磨脚。

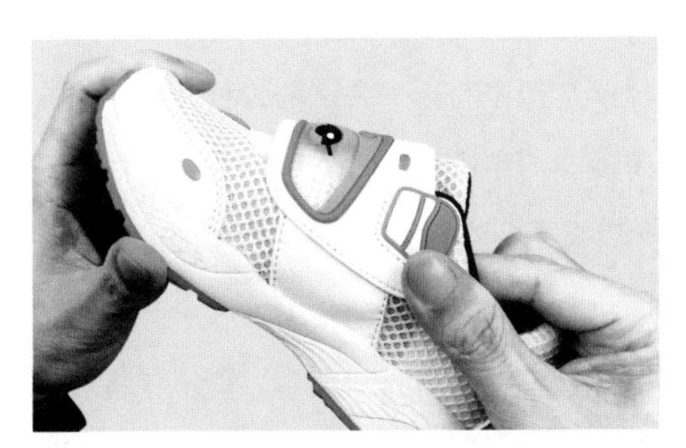

图3-33　检查鞋子细节

给孩子买鞋的提示

给孩子买鞋前，先确定为孩子买什么类型的鞋，是日常穿着的鞋还是运动时穿着的鞋。日常应以皮鞋为主，如果孩子做的是一种特殊运动，则需要特定的运动鞋，即打篮球时要穿篮球鞋，而不宜穿网球鞋等。

最少为孩子准备两双鞋，即日常穿着的鞋和适合运动的特定鞋，只给孩子买一双鞋来满足所有要求，这样的做法是不可取的。

尽量带孩子买品牌童鞋，而且最好固定在一家比较好。这样一则专业的店员会比较了解孩子脚的情况，二则从保存孩子的脚型测量档案中可看到脚成长的记录。

测量脚时一定要站着，站立时脚承受重量，脚的长度会伸长，围度会展宽。

双脚不一样长时，应以长一点儿的为准，孩子的脚一般相差很小，如果长短差多于2毫米，需加入半码垫，然后让孩子试鞋。

让孩子提前穿相应的袜子去试鞋，秋冬时穿的袜子厚些，春夏时穿的袜子薄些，穿运动鞋时就需要穿吸汗性较好的袜子。如果有之前专卖店或医生为孩子配制的矫形鞋垫，一定要带上鞋垫去试鞋。

要试穿两只鞋，试鞋的时间稍长一些，有些家长觉得耗费时间。其实不然，脚部受伤是从穿一只不合脚的鞋开始的。从长远来看，也许免去了孩子将来看病的时间，算起来花费在孩子试鞋上的时间是值得的。

选择鞋子时要以合脚为原则，鞋不能选得太小，要留出成长空间和活动空间，这个道理家长们都懂，那种皮鞋穿久会“懈”的说法不适用于孩子。但也不能把鞋选得太大，导致鞋不能与脚的支撑部位和弯折部位吻合，无法发挥作用。另外，小脚在大鞋里晃荡，还会造成孩子歪歪斜斜的走路姿势。

扫一扫，看视频

给孩子买鞋需要避开哪些雷区？

给孩子购买天然材质的皮鞋，最好是天然头层牛皮或羊皮，猪皮虽然结实，但有“遇水变硬”的特性，不适合出汗较多的孩子。塑料鞋、合成革鞋等更不适合孩子穿着，除了透气性差外，弹性也很差，同样可能对脚造成损害。

不要为正常脚的孩子选择有足弓支撑的鞋垫，维持足弓的肌肉要经过足弓的收缩、弛缓来锻炼。足弓垫占据了足弓的活动空间，影响了肌肉的正常运动，使之得不到锻炼，很可能引起肌肉的萎缩，成为真正的扁平足。

如果发现孩子脚有异常现象，要抓紧带孩子去医院检查，及时治疗或矫正。

童鞋的养护

鞋的清洁保养并不复杂，如果没时间，简单地擦去尘土就行。布鞋、塑料鞋可以用水清洗，如果想要保养得更精心些，可以按鞋面材质进行处理。

漆皮：很脏的地方用潮湿的软布擦拭，如果只有浮土就用干的软布擦即可保持光亮如新。不要经常使用湿布或半湿布擦拭，以免使漆皮表面失去光泽，出现干裂。

正绒革：正绒革脏后，用软刷或软干布擦就行，特别脏的地方可以用酒精加一点儿水擦，因为酒精挥发得比较快，不至于使鞋面颜色变浅。也可以使用正绒革专用胶块擦拭，既可去污，又可保护鞋面不受损伤。切忌使用普通毛刷擦拭，这样会损伤磨砂绒面，导致鞋面光秃，影响美观。

油皮：油皮不要用普通鞋油擦拭，这样会把皮革擦花变色，如有污迹可先用软布蘸清洁油去污，清洁后再使用软布擦拭一遍即可。

绒面皮（翻毛皮）：用软刷子刷，太脏的地方用布蘸水（或清洁剂）刷，要单方向擦拭，不可来回擦，避免掉毛且损伤皮面。干后用刷子干刷，也要朝一个方向刷，叫“起毛”。如使用鞋粉，要仔细把浮粉刷去，以免弄脏裤口。

牛羊皮：用优质鞋膏及鞋布擦拭，能真正起到滋养皮革的作用。也可以用光亮剂，直接涂到鞋面上，起到上光的作用。

合成革：用水擦洗，特别脏处用湿布蘸洗涤剂擦，再用清水擦干净，在阴凉处晾干。

网布：用水擦洗，特别脏的地方可使用洗涤剂（洗衣粉等），但要避开帮底黏合处，也不可在太阳下暴晒，阴干即可。

布球鞋：水洗，可用洗衣粉，注意不要在太阳下暴晒，以免黄变或开胶。白球鞋增白可使用白鞋水擦涂，也可用卫生纸包盖住鞋面晒干，有增白作用。

4

第四章

孩子的健康从脚部健康开始

合脚的鞋是保护儿童脚部健康的首要条件，能够给脚赋予活力。不合脚的鞋不但会引起脚部疾病，还可能引发全身疾病，影响孩子一生的生活质量和身心健康，故给孩子选择鞋子时一定要慎之又慎，不可掉以轻心。

做好孩子的“健康管理人”

美国哥伦比亚大学曾经对穿鞋生活与不穿鞋生活的人群的脚病发生率进行了统计分析。结果显示，美国、欧洲、亚洲等穿鞋生活的人群中，脚部疾病占整形外科全部疾病的60%～63%，而亚洲和南美洲不穿鞋生活的人群中，脚部疾病只占3%，这还包括了脚受外伤的情况，这项报告足以证明鞋是诱发脚病的重要原因之一。

受过专业培训的店员，在国外被称为shoe fitter，日本甚至称其为“健康的管理人”。他们会根据脚的测量数据、脚的特点、发育情况及家长、孩子的喜好，为孩子推荐适合的鞋号、鞋型及鞋的款式，使孩子穿上最适合的鞋。现在网络购物盛行，各种营销“噱头”“故事”满天飞，父母就要靠自己的知识、经验来为孩子选鞋了。衷心希望家长们能够精心地呵护孩子的双脚，为孩子科学选择一双好鞋，做好孩子的“健康管理人”。

儿童常见脚部问题及选鞋原则

如何才能让孩子的脚健康发育，在穿鞋方面最需要注意哪几点?

不穿高跟鞋、尖头鞋、厚底鞋、松糕鞋、翘头鞋，无前后支撑的鞋；不透气的鞋使鞋内的环境变得潮湿，出现脚臭、脚癣，会使足部肌肉松弛；鞋底有弹性、鞋头加前包头保护前面脚趾，后跟加主跟保护脚踝；鞋底弯折部位应在脚掌跖趾关节（脚掌弯折处），而不是在鞋底对折处（足弓下）；气味重的鞋慎选。

下面我们详细说几个常见的穿鞋问题。

肥胖儿童如何选鞋

国际肥胖研究协会主办的《肥胖综述》月刊日前公布研究报告显示，中国有12%的儿童超重。在全国的脚型调研中，发现身体肥胖的儿童，大多出现X形腿、足弓低平和足外翻症。这是因为发育中的儿童肌力薄弱，足底肌肉不足以支撑孩子过大体重的压迫，导致脚的内侧压力过大，压迫足弓部位，使得足弓低平，出现双足外翻和X形腿。肥胖孩子选鞋应尽量选择对足内侧有支撑功能和对足跟起附加稳定性的鞋或靴子。如鞋的中后部比较硬挺的，系带或可以调节肥度的鞋，这样可以托住足内侧，缓解体重对足弓的一部分压迫。

严重的也可以使用轻微矫正鞋垫，鞋垫内侧整体稍微高出外侧的鞋垫（需要咨询专业人员），使压在脚内侧足弓上的力向外侧分解一部分，减缓对足弓的压力，以使足弓正常发育，并保持腿型和体态的端正。但还是要让孩子减轻体重，多锻炼。

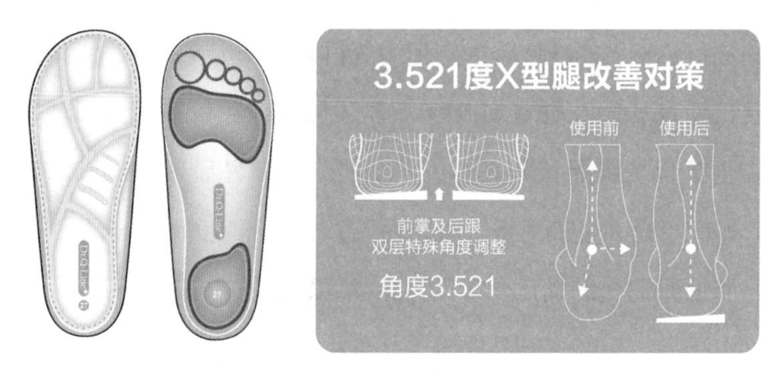

图4-1　X形腿、足外翻轻微矫正鞋垫示意图

儿童扁平足的选鞋与预防矫正

足弓是随着儿童一起成长的。婴幼儿时期因为脚底脂肪较厚，足弓并不明显，很多人以为自己的孩子是扁平足，急急忙忙带孩子去治疗、矫正。家长们不需要这么紧张，除了先天性扁平足，后天扁平足在3岁之前是不能判定的。还有一些孩子是在6岁左右足

弓才发育完成，所以不要轻易判定孩子是扁平足，也不要轻易给孩子做足弓矫正。

扁平足多伴有足外翻和X形腿，引起小腿和脚的生物力学改变，出现异常步态，所以选鞋重点是关注后帮，加装主跟，保护踝关节的力线垂直，保证腿型的发育正常。患扁平足5岁以内的孩子在不热的季节可多穿高于脚踝的鞋，如马丁靴、高帮篮球鞋等。

儿童期预防扁平足的最佳方案就是锻炼，在体力允许的范围内锻炼足弓和足底肌肉。让孩子适当地步行、跑、跳，带孩子走上坡、走沙滩，用脚趾抓毛巾、橡皮、小球等。也可以训练孩子做提踵及弹跳运动，如踮脚尖、跳绳。练习踮脚尖可以采用坐着、站着、单脚，逐步提高难度的方法；跳绳运动应用前脚掌起跳和落地，这样可以缓解冲力，减少对软组织的损伤以及对踝骨的震动与伤害。但不要让孩子在很硬的水泥地上跳绳，过度肥胖的孩子不宜选择跳绳。

坐姿提踵

站姿提踵

单脚提踵

图4-2　练习踮脚尖的方法

如何选择矫正鞋垫

一个5岁大的女孩是先天性扁平足，脚外翻得很厉害，脚后跟的重力线往里偏斜，形成了X形腿。我推荐她穿重度足后跟矫正垫。她妈妈问："这样能治疗扁平足吗？"我说："不能，在鞋中加入矫正垫的目的是让孩子后跟的重力线尽量变直，不影响到她腿型的发育。"也就是说，足骨结构畸形，大多是先天性扁平足。扁平足患儿多伴有足外翻，引起小腿和脚的生物力学改变，需要在锻炼足肌的同时，进行矫正。但矫正并不等于根治，所谓矫正鞋垫，功效也只是尽量调直力线，促使腿型的发育正常。

再比如，一个4岁男孩的爸爸妈妈都认为他是"实心脚"（扁平足），要求加足弓矫正垫，说是要把脚的足弓顶起来。但我看这个孩子有足弓，只不过比较低平罢了，即使是真扁平足，靠鞋垫顶也顶不出来，所以打消了家长的想法。

如何选择足弓矫正垫？要注意三点：一是要医生确认是足弓问题，需要矫正；二是最好在孩子3岁之后使用；三是不使用在足弓处凸起的鞋垫。

儿童的足弓在发育过程中，锻炼足底肌肉、韧带是形成稳定足弓的有效方法。使用足弓处凸起的鞋垫，会占据足弓伸缩的锻炼空间，导致支撑足弓的肌肉萎缩，形成真正的扁平足，失去人体天然的缓冲避震功能，并引发二次伤害，影响关节、大脑、腹腔及椎体的发育。现在市场上一些童鞋产品使用类似矫正鞋垫这种特殊构造作为宣传噱头来吸引用户，家长们一定多加注意，以免留下健康隐患。

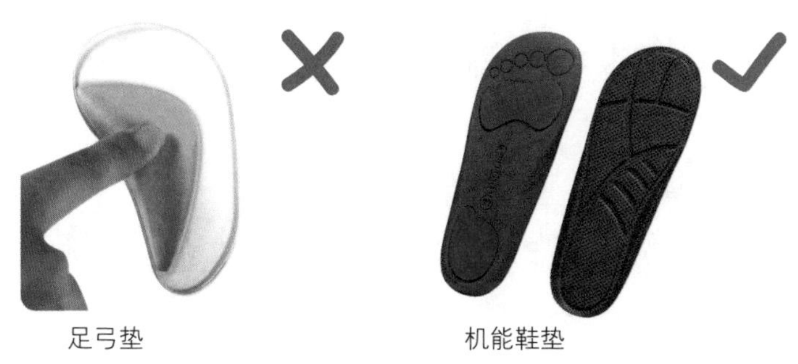

图4-3　足弓垫和正常的机能鞋垫

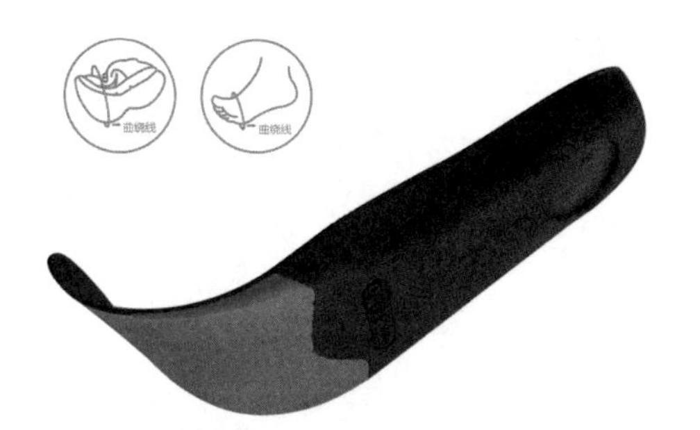

图4-4　正确的足弓支撑

儿童高弓足如何选鞋

高弓足的受力主要集中在脚前掌跖骨头部位，无论是站立过久或行走过久，都会产生疼痛。高足弓儿童选鞋时大小一定要合适，穿小鞋也会引发高弓足。不要让儿童穿高跟鞋、尖头鞋，鞋跟高度超标，导致足部压力集中在前掌，尖头会使脚在鞋里受到挤压，这两类鞋会加重高足弓的足底疼痛问题。

另外，因高弓足的足弓缺乏弹性，脚后跟不“勾脚”很容易掉鞋，选鞋时款式尽量选包裹性好的鞋；鞋底要选择弹性好，具有缓冲减震功能的鞋子。

做剧烈运动时，也可以在脚掌部位加入“跖垫”，把脚底压力分散开来，缓解脚掌的疼痛。

儿童O形腿、X形腿如何选鞋与缓解症状

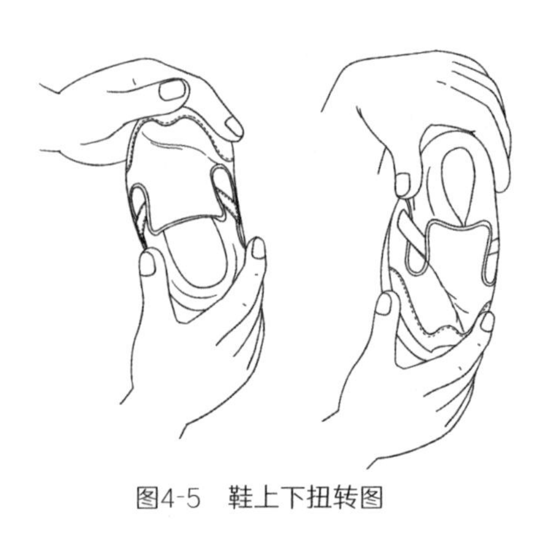

图4-5　鞋上下扭转图

由脚部问题引发的儿童O形腿与X形腿，与扁平足与高弓足有关。除了穿鞋保证后帮硬之外，鞋的稳定性也很重要。家长可以在选鞋时捏住鞋前部和鞋后部，鞋不容易扭转表示鞋的稳定性较好。

年龄大一些的孩子，坚持锻炼踝关节和膝关节的力量，如金鸡独立、瑜伽舞蹈式、弓步推墙等；专门针对性的训练，如芭蕾舞下蹲动作“蛙式半蹲”，能改善X形腿症状；咏春拳特有的基本功“二字钳羊马”，能改善O形腿症状。

图4-6　改善X形腿和O形腿的训练方法

儿童拇外翻如何选鞋与预防

先天性的拇外翻是一种返祖现象，脚的大拇指处的跖趾关节不稳定，呈现突出形状。在选鞋时要尽量选择宽型鞋，尤其是鞋的前部不能瘦小。

不穿高跟鞋、尖头鞋、厚底鞋、松糕鞋、翘头鞋等，这些都能够引起拇外翻。

不穿硬底鞋，这里的硬底鞋是指整个鞋底像一块硬板，完全不能弯折的鞋，这样的鞋使脚底肌肉尤其是脚掌部位处于紧张状态而引起疲劳损伤。

高跟鞋使人体重心前移，前脚掌压力过大，跖趾关节和拇指负担过重而疲劳损伤，形成拇外翻。

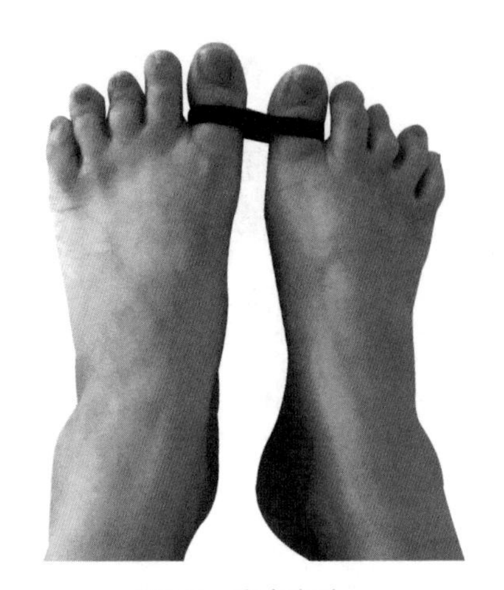

图4-7　掰大脚趾

尖头鞋会挤压孩子的脚趾，也会形成拇外翻。

拇外翻会使前脚掌处的足横弓塌陷，而前脚掌处又是足弓的前支点，前支点的塌陷必然会影响整个足弓的健康。

儿童拇外翻需要以预防为主，在家可以穿轻软的夹趾拖鞋，做一些小运动。如用一个粗的发圈，套上左右脚的大拇指，往两边拽一拽。每天做一做，对拇外翻会有很好的缓解作用，妈妈也可以一起做。

拇外翻对鞋内的空间大小的要求非常高，家长在选鞋的时候，一定要耐心地反复确认大小是否合适，有没有磨到大拇指的跖趾关节。

儿童脚癣、脚臭、嵌甲和甲沟炎如何穿鞋与预防

长时间穿着透气性差的鞋，如不分季节地穿运动鞋等，都是引发脚臭、脚癣、甲沟炎等问题的重要原因。此外，更严重的是鞋内的湿热环境会使足底肌肉松弛无力，不足以支撑足弓而导致足弓平坦，使足弓失去对身体的防护功能，甚至引发二次损伤。所以，需要引起我们高度重视的是脚臭后面隐含的鞋的透气性问题。要让

孩子的脚处在一个干爽、清洁的环境里。

不要穿尖头、扁头鞋，不穿过小的鞋，以免压迫脚趾。

不要穿过于肥大的鞋，脚趾向前冲撞到鞋头也很容易伤及脚指甲。

运动时特别注意要穿好鞋，系好鞋带，以免沙子进入。

保持脚部卫生、干爽，经常更换鞋垫，袜子最好每天更换。运动后把鞋口敞开通风，顺便把鞋垫拿出来洗或晒，让鞋内环境干爽等，这些都是预防脚癣、脚臭、嵌甲和甲沟炎的有效方法。

微博互动29例

Q：宝宝的爸爸和爷爷都是扁平足，这种病遗传吗？可以通过鞋子治疗吗？

A：扁平足确实会遗传，但并不代表你家宝宝也会遗传扁平足。如果是先天性扁平足，只通过鞋治疗是不行的。引导孩子多活动，锻炼足底肌肉，可以很好地改善症状。

Q：我家宝宝11个月了，左脚往外撇，是不是得买矫正鞋垫呢？

A：可以去医院骨科看看，如果没有病理问题，一般是可以自行纠正的。等宝宝走平稳后再观察一段时间，如果依然有左脚外撇的情况，可以到3岁之后考虑矫正。

Q：我家孩子不爱穿鞋，也很讨厌穿袜子，这是为什么？冬天南方室内没有供暖设施，能赤脚学步吗？宝宝目前可以扶东西站立迈步，要穿什么鞋？

A：鞋和袜都是对脚的束缚，宝宝不喜欢是正常的。如果有条件，在家赤脚对脚的发育和学步都很有好处。但寒从脚起，宝宝脚的保暖很重要，如果家里冷，还是要让宝宝穿鞋。您家宝宝在这个时期可穿软底鞋，比如反绒的软皮底、布底的鞋都可以，让宝宝的脚接近赤足状态，减少束缚。注意鞋垫不要选毛绒的，毛绒鞋垫易打滑。等宝宝能够平稳走路，且能够到户外走得比较好的时候，再选鞋跟硬、1/3脚掌弯折的鞋。

Q：2岁6个月的女宝宝有足外翻，后脚跟从后面看是向外歪的，请问这种情况需要去做矫正吗？

A：如果足外翻是医生诊断的，就听医生的安排；如果不是医生诊断的，不要自己去买矫正垫矫正。后帮比较硬的鞋，有一定的稳定后跟功能，尽量不穿布鞋、休闲鞋和布的板鞋。另外，很多个子大或比较胖的孩子也会出现这种情况，因为足弓还没有真正撑起来，脚内侧受力会导致后脚跟看起来向外歪。

Q：宝宝现在1岁7个月，从学走路开始有点儿内八字，到了多大还是内八字就需要就医了呢？

A：如果到了3岁还是没有很大改进，可以尝试使用正规的矫正垫。目前你可以选后帮比较硬的鞋，比如皮鞋，最好是皮靴。一定要选后帮硬的，让宝宝的脚端正向前，不往两边歪。

Q:为什么我的宝宝很容易摔跤呢?

A:看看孩子是否为内八字步态，内八字很容易自己绊倒自己；检查鞋底是否有出边，出边大也会经常摔跤；看鞋垫是否太软，鞋底是否太厚，太软、太厚会让孩子的脚掌不能跟地面很好呼应，导致足底神经不敏感，宝宝驾驭不了自己的鞋。如果上述情况都没有，可去医院检查排除其他病理问题。

Q:我家孩子1岁半，走路很喜欢踮脚尖，这是什么原因引起的呢？平时需要注意什么？

A:很多孩子在学步时会有踮脚尖走路的过程，大多会自然矫正。家长应仔细观察一下是不是脚跟一点儿都不着地。如果只是脚跟着地的过程很快，也是正常的。这类孩子比较爱跑爱跳。如果孩子再大一些还没有改进，可以引导孩子慢下来，跟你们一起走走直线，一步一步地练习走路。如果比较严重，应去医院做一下检查。给孩子选鞋的时候不要选鞋底厚、鞋底花纹很深的过于防滑的鞋；不穿过大过肥的鞋。另外，家长应该回忆一下是不是家里人也有这种步态，导致孩子模仿。

Q:我家有3个扁平足的成年人，都是从小不爱穿鞋，一直光脚走路到十几岁的，其他从小穿鞋的都是正常足弓。但总是有人宣传孩子赤足好，这是为什么呢？光脚走路会不会造成扁平足？

A:家里的3个成年人不一定是真的扁平足。很多运动员看起来都是扁平足，其实是足底肌肉很发达，盖住了足弓。还有海边的渔民，常年赤足，看似扁平足，其实也是肌肉发达，并不是真正的扁平足。是不是扁平足要经过专业判断才知道。另外，现在的室外环境是不能够赤脚的，所谓宣传赤脚好，也只能在家时光脚走走。并且，光脚走路也不会造成扁平足。

Q:您说大运动不适合孩子，是指什么样的大运动?

A:大运动指的是大强度、长时间的运动，或者超出孩子体能的行走、跑跳。孩子肌力没要达到相应的强度，过量过度运动肯定是不适合的，而且损害是不可逆的。

Q:网上说鞋子左右反穿可以矫正O形腿，这样科学吗?还是让宝宝穿合适的鞋子，自己就可以慢慢矫正过来?

A:宝宝在妈妈肚子里面是盘着腿的，出生后需要一个缓冲的时间，理论上4岁之内可以自动矫正O形腿的。反穿鞋是民间的方法，有一定的矫正作用。但以前孩子穿的是自家做的小布鞋，鞋面很软，对脚影响小。如果是目前市面上的鞋，鞋面会比较硬，本身可能对脚造成挤压，对脚的生长发育并不好。如果坚持想要反穿鞋进行矫正，最好穿软面鞋。

Q：我发现各大鞋商对学步期的划分不一致，学步期应该怎么划分？学步期的宝宝要怎么选鞋？越软越好吗？什么时候才能穿稳步鞋？

A：学步期应坚持赤足理念，最好不给脚任何约束，如果给孩子穿鞋，越软越好，让孩子自然学步，脚与地面充分“沟通”，促进感觉神经发育。孩子站立和室内学步时，可以穿软底学步鞋，室外学步时，要穿薄胶片底学步鞋。稳步鞋是在孩子基本能够走得比较平稳，在户外也不需要搀扶着走路时才穿，年龄大概是15～18个月。

Q：新生儿到底要不要穿袜子？大一点儿的孩子穿鞋时也必须穿袜子吗？

A：袜子的主要功能是保暖，天冷的时候要穿袜子。此外，大一点儿的孩子穿鞋时也最好穿袜子，因为鞋里面会有胶黏剂和一些化学材质，对脚部皮肤形成刺激。现在真正的环保鞋不多，鞋内还会存在有害物质，儿童脚部肌肤稚嫩，会通过皮肤吸收有害物质。另外，还有一些用工业废料制成的塑胶鞋，也会影响脚的健康。

Q：现在市场上有很多婴儿穿的鞋的材料都是PU，这样的童鞋健康吗？

A：好的PU和超纤材质也可以，但不推荐价格低廉的人造革材料，延展性和透气性一般。孩子的脚非常稚嫩，穿天然头层皮革制成的鞋，比如羊皮或小牛皮的比较适合。

Q:8个月的宝宝刚能站稳但还不会走路，需要穿鞋吗？我给他穿的是有好多毛毛的中筒靴或者针织毛线袜，但别人都说这样穿不行，会造成宝宝扁平足，您觉得这样穿可以吗？

A:8个月的宝宝可以穿鞋也可以不穿鞋。如果穿鞋，只要软、随脚就可以。冬天，脚不要着凉就行。但如果鞋垫也是毛毛的则不太好，易打滑。

Q:学步期宝宝适合穿那种底下有哨子、一走就响的鞋吗？

A:如果鞋底不很厚，符合学步鞋的要求，就不会有什么影响。但要注意噪声，一般超过70分贝的噪声会对儿童的听觉系统造成损害，尽量避免穿会发出过于尖厉的声音的鞋。

Q:2岁多的宝宝可以穿那种带袢的小皮鞋吗？我总感觉小皮鞋鞋底较硬没有弹性，不敢买给宝宝穿。

A:可以穿。孩子穿皮鞋也是一种美的教育，按选鞋的要求选就好。但不要选择鞋底很硬不能弯折的鞋，可以选择胶皮鞋底的鞋。

Q:有些鞋子为什么会有香味？会不会对宝宝的健康造成影响？

A:有些香味是为了掩饰生产鞋时的胶水和材料的味道，刺鼻的胶水和材料很可能不环保。还有些香味本身是刺激有害的，孩子个子小离鞋近，更容易呼吸到刺激的气味，所以尽量不要选。

Q：可以穿别人家宝宝穿过的二手鞋吗？哥哥姐姐穿过的鞋子可以穿吗？现在的机能鞋都三四百元一双，宝宝长得快，可能两三个月就穿不下了，二手鞋好吗？

A：如果实在要穿二手鞋，先看看鞋底是否磨损严重，如果鞋底一边高一边低，还是不要再穿了。如果鞋底平整，就换一双新鞋垫，这样宝宝的脚才不会随着别人的脚型走路。

Q：1岁多点儿的宝宝夏天可以穿凉鞋吗？

A：可以。选前包、后帮包住的款式比较好。

Q：怎么判断孩子穿的鞋是否合脚？

A：比较合适的是鞋的内长比脚长8～10毫米。越小的宝宝，鞋内的余量越要小，可以是8毫米；大一些的儿童，鞋内的余量可以是10毫米。太宽的鞋也不适合，可把鞋底对上宝宝的脚底，如果鞋宽出脚5毫米以上，不适合；如果脚宽出鞋底，也不合适。试穿时让孩子的脚轻轻顶住前头，用手摸摸前面是不是压脚趾、脚面；后面鞋比脚长8～10毫米，大约是妈妈的一个小手指宽度。让孩子试穿时走一走，脱鞋后看看脚上有没有压痕或磨红处。

Q：农村那种手工的千层底棉布鞋，适合学步的宝宝穿吗？

A：学步的宝宝可以穿手工千层底棉布鞋。但有些新的千层底棉布鞋的鞋底很硬，可以先用手弯曲，让鞋底软一些再穿。如果宝宝走得很平稳了，或者年龄超过2岁了，还是要选择鞋后帮有些硬度的鞋，这样可以保护宝宝的踝关节。另外，布鞋没有装保护足弓的半托底，也尽量少在户外跑、跳。

Q：小孩的鞋是大小合适的好，还是大一点儿的好？

A：比较合适的是鞋的内长比脚长8～10毫米，这就是合脚的鞋。孩子穿过大的鞋，会像穿拖鞋似的用脚背带着走，后帮部分根本起不到稳定作用，很容易伤及脚趾或脚指甲，养成不良的走路姿势，对孩子的体态、美育都没有好处。

Q：一般儿童穿鞋要多长时间换一次？

A：3～4个月，脚长得快的，可能时间还短一些。太小的孩子不能准确地表述出鞋是否顶脚，所以家长要经常查看孩子的脚是否有压痕。有的鞋虽然可以穿，但如果鞋底磨偏了，容易崴脚，影响鞋的稳定性，也需要换新的。

Q：小朋友喜欢穿暴走鞋，会不会影响足部发育？

A：可以穿。6岁以下儿童少穿暴走鞋，穿一次不超过20分钟，且要在家长的陪伴下。穿前需认真看暴走鞋的“安全须知”，建议戴头盔、护膝、护肘、护腕，检查轮子是否牢固等，在平坦的地方、安全的地方玩，不要牵手滑行。选择暴走鞋时，要选鞋帮包裹脚，后帮硬，鞋垫后跟有防护，鞋底要是PR、热塑弹性橡胶等有弹性的材质，不要选择太硬的。

Q:学步期的鞋子穿到什么时候呢?

A:孩子只要独立行走，能到户外活动了，就要穿正常的童鞋了。选学步期的鞋子有以下几个要点：鞋底弯曲与脚行走的弯曲部位相吻合（鞋底前1/3处弯折）；后帮硬能支撑脚踝；鞋头硬能防止砸到脚趾；鞋内垫不能是很软的海绵，要有回弹性以刺激足底神经发育；材料透气，无异味。

Q:有些美国品牌的童鞋（6岁以下），其鞋底都比较硬，鞋底前1/3处弯曲度很小。这样的童鞋符合健康要求吗?

A:一般孩子过了2岁，走、跑比较平稳了，要求鞋底有一定硬度。一般弯折曲度与孩子步行时脚弯折的幅度差不多就可以，你可以看看孩子穿上鞋迈步的时候，如果鞋后帮往下掉得厉害，就不适合孩子穿。如果走起来比较贴合，鞋底不板脚，就适合孩子穿。

Q:我家宝宝2岁，整天跑跑跳跳，运动量是同龄孩子的2倍，真的很担心他的腿部发育不好。现在都不知道该买哪种鞋给他穿。

A：只要不是持续地跑、走或站立，都不会影响他的腿部发育。尽量买比较轻、比较合脚的鞋，鞋垫前掌不能很软，很软的鞋垫会消耗更多脚部力量。现在市面上的儿童运动休闲鞋、机能鞋都可以穿。

Q：宝宝脚面较高，但整体不大，瘦款的鞋面低，穿着袜子会有勒痕，肥款的又会大好多，应该怎样选鞋？

A：宝宝脚跗面高，不要选“一脚蹬”的鞋款，要选择系带的、大开口的款式。可考虑选择国产或日韩系童鞋，如果选择欧美系童鞋一定要上脚试穿，因为欧美系童鞋鞋面较低。

Q：我的小侄女很喜欢穿有跟的鞋子，跟高差不多4厘米，请问对脚有影响吗？

A：穿有跟的鞋是可以的。但4厘米太高了，会对脚有影响。儿童足部肌力薄弱、关节不稳容易崴脚，如果形成习惯，成年后很难稳定地穿着高跟鞋。同时，长期穿高跟鞋会形成拇外翻或扁平足，脚的功能缺失、脚型难看，对孩子心理伤害严重，也会造成骨盆入口狭窄。瑞典研究报告指出，高跟鞋使小腿肌肉紧绷，减少大脑内多巴胺正常分泌，穿这种鞋的人患精神分裂症的概率增大。

写给孕妈妈

妈妈的健康，是宝宝健康的基础。下面简要说一下孕期妈妈要注意的几个小问题。

胎儿过大或骨盆不正或许是高弓足的成因之一

这几年我们在儿童脚型调研中，婴幼儿期高弓足的孩子比扁平足的孩子要多，主要是先天性病因。高弓足表现为韧带比较紧张，美国的一项研究报告认为，形成高弓足的重要原因之一就是胎儿在母体里过大，宝宝在狭小的空间里腿脚受到过度挤压，所以导致他的韧带生长的时候很紧。即使胎儿体重正常，但骨盆不正也会挤压到他，同样会引起相应的问题，如受压状态下使韧带失去弹性、关节生长受到限制等。

孕妈妈合理膳食，养成良好的站姿和坐姿，骨盆端正，是保证胎儿发育正常的必要条件。

先天的O形腿、内八字步态与胎位不正有关

胎位不正常的问题占3%～4%。虽然比例不高，但会给宝宝造成风险和伤害。最理想的胎位是宝宝颈部往下缩，以头位出生，也就是头下脚上的姿势。最常见的胎位不正就是以臀位出生，也就是头上脚下。

这些胎位不正的宝宝，会因为活动空间过于狭小，身体自然会缩得更紧，造成宝宝腿部的韧带在还没有出生时就受到过度的压力。如果受压过大，韧带失去原本的弹性，甚至会限制关节的生长，因此一生下来容易有先天的髋关节脱臼、O形腿、内八字态、斜颈，以及发育迟缓等。所以保持胎位正常，可以避免很多先天因素造成的问题。

孕妈妈泡脚、足疗要慎重

一些孕妈妈到了怀孕的后期，会出现脚肿的现象，这时候用温水洗洗脚，可以促进血液循环，改善睡眠等，但切记泡脚不要时间太长，也不要去做足部按摩。因为脚上有至阴穴和昆仑穴，在做足底按摩时难免会刺激到这两个穴位，可能导致子宫收缩，胎位变动，造成早产。另外，孕妈妈也不宜泡澡，特别是用温度较高的水泡澡，会导致孕妇体温上升，影响胎儿脑细胞发育。水温过高还会导致全身皮肤血液循环加快，有突发昏厥的可能。

孕妈妈慎穿高跟鞋

一位怀孕初期的孕妈妈问我，肚子里的孩子小，也不影响身材，是否可以照常穿高跟鞋上班？我坚决地跟她说不行！孕期有体态和生理上的改变，高跟鞋改变了人体正常的重力线和骨盆倾角，很容易造成流产。

女性从怀孕2～3个月开始，双脚就会出现浮肿现象，而随着孕期时间的增加，脚的浮肿现象也会更加明显。同时，孕妈妈的体重在增加，肚子慢慢增大，身体重心前移，站立或行走时腰、背部肌肉和双脚的负担加重。如果仍穿着高跟鞋，走路或站立时都会感到吃力，下肢静脉回流受到影响。更严重的是穿着高跟鞋容易使孕妈妈身体的重心向前倾斜而失去平衡，出现摔跤、闪腰等意外。

中晚期的孕妇，体重增加、身体笨拙、行动不便，高跟鞋使孕妇身体的重心抬高，很容易摔跤或崴脚（踝骨扭伤），增加流产或早产的风险。还可能引起骨盆倾斜度加大，人为地诱发胎位不正，出现难产。此外，穿高跟鞋会使腹部压力上升，血液循环受阻，也会影响胎儿营养供给。

即使是新妈妈产后一年的体力恢复阶段内，也应该少穿高跟鞋，以免扭伤踝关节、诱发拇外翻等脚部疾病。如果要去参加特殊场合，可随身带一双鞋替换高跟鞋，活动之后换下高跟鞋，以便于保护双脚。

孕妈妈如何选鞋

孕妈妈因为体形的变化和体重的增加，重心也发生了改变，走路时腿和脚的压力增大。一双不合脚的鞋很容易让人感到疲惫，心情烦躁，严重者甚至会出现崴脚、跌跤、汗脚、产后腰腿疼等后遗症。很多妈妈说产后脚长大了，大了半码或一码，这是因为孕期两个人的体重压在脚上，足弓被压低变长，脚“长”了。所以，一双合适的鞋对于保证行走安全和保护足弓起着极为重要的作用。

鞋子尽量合脚，过大、过肥、稳定性差的鞋不跟脚，过小、过瘦、挤脚会不舒服，买鞋时最好亲自试穿。怀孕中后期，脚开始肿胀，选鞋就更要注意。

款式：尽量选择前掌足够宽的鞋，最好是掌宽处的鞋面可以调节的，这样才不会因为脚部水肿而造成脚背受压；选择粘贴式的搭扣、松紧带或可调节松紧又穿着方便的鞋子，避免弯腰系鞋带。

材质：鞋面要柔软、透气性好，不宜选择合成革、尼龙、塑料鞋，以防因穿不透气的鞋而脚汗增多，脚部皮肤敏感变成汗脚。同时出汗会加重双脚的浮肿，也会使人烦躁不安。选择材质轻便的鞋子，可以减轻行走时的负担。鞋底要柔软、耐磨，可以缓解地面对脚的冲击力。夏天，孕妈妈在选鞋时要特别注意鞋底的防滑性，以免雨天或遇到水渍时滑倒。

跟高：不适合穿高跟鞋，但平底鞋，包括板鞋、芭蕾舞鞋也不理想。穿平底鞋走路时，是脚跟先着地，脚心和脚掌再着地，对根骨震动冲击过大，还不能很好地维持足弓吸收震荡，容易引起肌肉和韧带的疲劳及损伤，不利于胎儿的生长，在产后会出现腰腿疼等后遗症。因此，选择后跟为1厘米左右高度鞋子，可使脚部受力均匀，减少疲劳。

孕妈妈在家穿拖鞋也不能大意，要避免穿橡胶或塑料拖鞋，这个时期脚部的汗腺分泌旺盛，脚出汗多，容易形成汗脚，甚至引发皮炎，过敏性体质的孕妇尤为明显。

孕妇鞋垫设计

曲面凹槽

减震足跟垫

曲面凹槽

坡度浅薄

曲面足弓垫

曲面凹槽，稳定重心平衡减震缓冲

曲面足弓垫

曲面足弓垫防止足弓塌陷

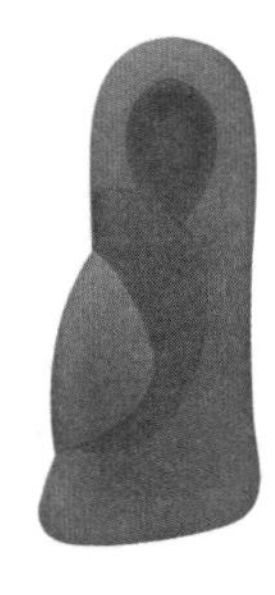

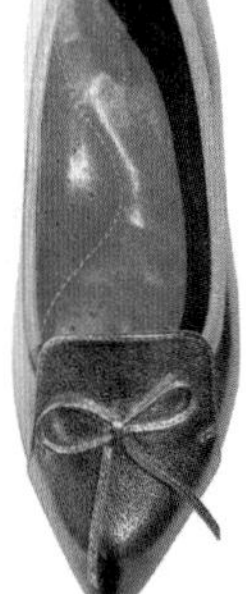

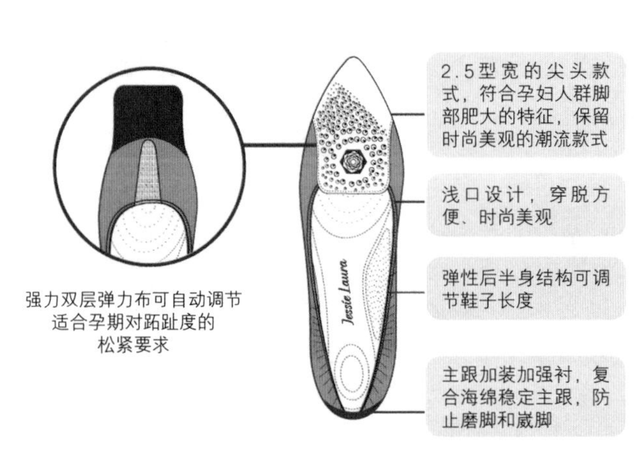

图4-8　孕妇鞋设计解析图

儿童足部健康操

脚底滚球练习

目的：刺激脚底神经，锻炼足底肌肉，促进足弓发育。

方法：平坐。把网球或一个矿泉水瓶放于地面，脚踩在上面，用全脚掌前后滚动。注意脚心凹陷处稍用力。左右脚轮流进行。

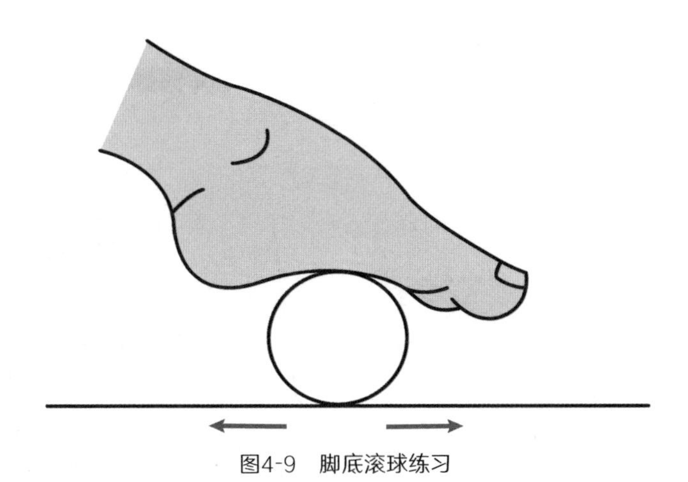

图4-9　脚底滚球练习

脚趾弹钢琴练习

目的：训练脚趾灵活性、前脚掌肌肉力量，训练足弓前支点稳定性。

方法：平坐。双腿平伸，脚掌立起，脚趾张开上翘，脚大拇指向下弯曲，然后二趾、三趾、四趾、小趾向下弯曲，脚趾恢复张开上翘。重复8次。

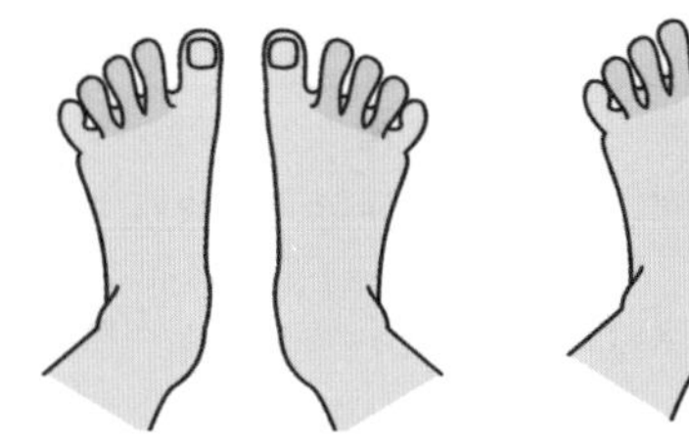
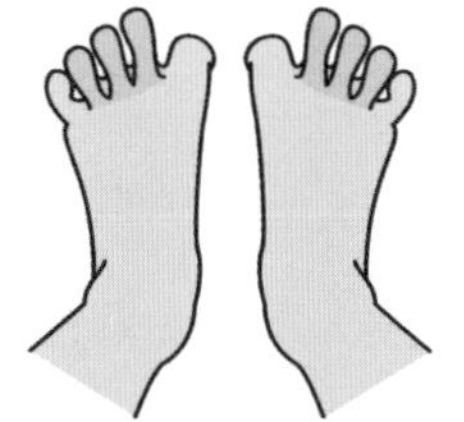
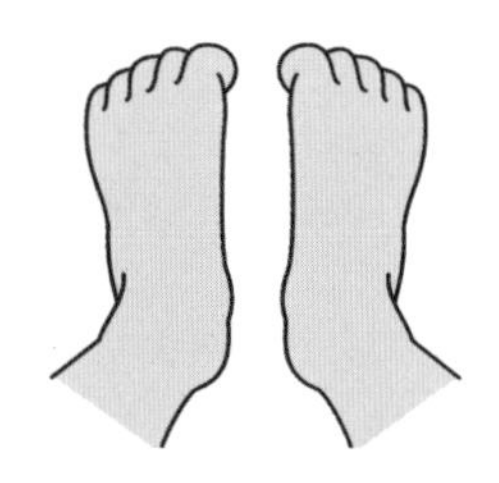

图4-10　脚趾弹钢琴练习

脚趾抓地练习

目的：训练脚趾灵活性、前脚掌肌肉力量，训练足弓前支点稳定性。

方法：站立，脚掌分开与肩同宽。做脚趾抓地动作，抓地、放开。可左、右脚轮流抓地，也可双脚一起抓地。

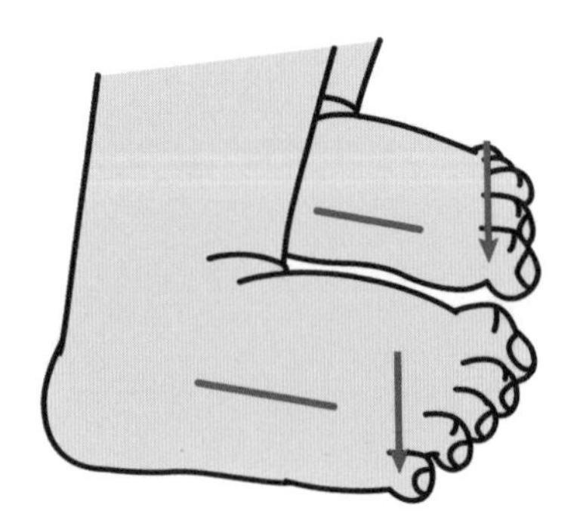

图4-11　脚趾抓地练习

空蹬自行车练习

目的：锻炼腿部肌肉及双脚的灵活性，放松足部。

方法：弯膝仰卧，脚掌平放在地垫上，双臂放在体侧，掌心向下。

双腿抬起，弯膝90度，绷脚面，右脚慢慢地向前蹬小圈，然后左脚向前蹬小圈，模仿蹬自行车动作。蹬自行车的圈子逐渐扩大，重复16次后停止，脚掌重新平放到地垫上。注意保持颈肩放松，后腰贴在地垫上，呼吸和动作都要均匀顺畅。

图4-12　空蹬自选车练习

提踵练习

目的：训练足底肌肉和小腿后群肌力量。

方法：站立。双脚足跟提起，足尖负重，提起后要坚持6秒。提踵可分为坐姿提踵、站姿提踵、单腿站姿提踵。

坐姿提踵

站姿提踵

单腿站姿提踵

图4-13　提踵练习

推墙练习

目的：锻炼足弓、脚腕，增强小腿和大腿的力量，改善形体。

方法：距墙约30厘米挺直站立，双手平举在胸前，用手推墙。左腿向后跨一大步，右膝盖弯曲形成弓步，注意要保持左腿挺直。保持30秒，然后换右腿向后跨步，做相同动作。重复8次。

图4-14　推墙练习

瑜伽树式练习

目的：这个练习模仿的是“金鸡独立”，可以锻炼大腿、小腿、臀部肌肉力量，锻炼平衡感，消除身心疲乏，培养专注力。

方法：站立，双脚与肩同宽，胸前合掌。提起右脚，重心放在左脚。平稳均匀地呼吸，保持10秒钟。换脚重复做上述运作，左右脚轮流做8次。

图4-15　瑜伽树式练习

瑜伽舞蹈式练习

目的：训练稳定性与平衡性，提高集中注意力的能力。

方法：站立。左腿后弯，左手扶左脚背，右手向上伸展，尽量将左手、左腿向上抬，向后撑开，然后还原，抱膝放松，换另一边练习。左右轮流做8次。

图4-16　瑜伽舞蹈式练习

走直线练习

目的：端正体型，改善步态。

方法：身体挺直，像正常走路一样，脚前、脚后尽量走在一条直线上。

可以模仿模特走台步。练习迈步时，要走出直线，两臂自然伸直，前后交替摆动，注意头、肩、胯、腿等部位的协调。

也可以模仿军人正步走，上身挺直，微向前倾。左脚向正前方踢出约75厘米，腿绷直，脚尖下压，脚掌与地面平行，离地面约25厘米，同时身体重心前移，右脚也依照此法动作。

图4-17　走直线练习　　　　图4-18　军人正步练习

蛙式半蹲

目的：模仿芭蕾舞的动作改善内八字脚、X形腿。锻炼腿部肌肉，训练跟腱、膝关节、髋关节等部位的柔韧性和灵活性。

图4-19　蛙式半蹲

方法：站立，双脚尽量外开120～180度，脚尖、膝盖、胯、肩在一个平面上，做下蹲动作。由于每个孩子的柔韧度、外开度等自身条件不同，所以在训练中要根据个人条件，在不影响身体垂直与保持脚正确站立的前提下做到双脚的最大外开度。

扫地动作

目的：模仿芭蕾舞的动作，改善内八字步态。训练脚趾、脚掌、脚弓、脚腕、跟腱等部位的关节、韧带、肌肉等的柔韧性。

方法：垂直站立，身体的重量平均分配在双脚上，当动力脚向外擦出时，身体的重心微微移至主力腿。动力腿伸直，保持外开的形态，脚掌紧贴地面向外擦出，脚跟先离开地面，然后脚弓、脚掌离开地面，最后脚尖点地，脚尖向外擦出的距离是在两胯保持稳定、水平、不移动位置的情况下所能达到的最远点。

动力脚向主力腿收回的路线与过程按照出腿时各部位的运动顺序依次反过来进行，脚收回至动作开始之前的位置。

向前做时，脚跟先行，将脚尖留住，保持脚与腿部的外开形态，擦出至正前方的最远点，这时动力脚尖与主力脚跟最外侧呈垂线；收回时脚尖先行，脚跟留住，将脚收回至动作前的位置。

向侧方做时，脚跟向前顶，保持脚与腿部的外开，擦出至最远点，这时动力脚和主力脚在平行的一字线上；再按原路线将脚收回至动作前的位置。

向后做时，脚尖先行，将脚跟留住，保持脚与腿部的外开，擦出至正后方的最远点，这时动力脚尖与主力脚跟最外侧成垂线；收回时脚跟先行，脚尖留住，将脚收回至动作之前的位置。

图4-20　扫地动作

咏春二字钳羊马

目的：这是咏春拳特有的基本功，改善外八字脚、O形腿。锻炼大腿、小腿肌肉力量。

方法：两脚与肩同宽或略窄于肩，呈内八字站立，两腿微屈，双膝内钳，间隔一拳。并

图4-21　咏春二字钳羊马

步站立，双手收拳于胸侧，头颈正直，面向前方；双腿略下蹲，双膝微屈，两脚以脚跟为轴，脚掌向外打开；继而双脚脚掌踩地，以脚掌为轴，两脚脚跟再向外打开，双脚与肩同宽，脚尖略内扣，双膝微前屈，上身微后倾，目视前方。